4

Band 22 · April 1986

isotopenpraxis

AKADEMIE-VERLAG BERLIN

ISSN 0021-1915 Isotopenpraxis, Berlin 22 (1986) 4, 109—156

An unsere Autoren

Die Zeitschrift veröffentlicht Beiträge zu folgenden Themen: Kontrolle und Analyse radioaktiver und stabiler Isotope, Anwendung radioaktiver und stabiler Isotope in allen Gebieten der Forschung und Technik, der Industrie, Landwirtschaft und Medizin, Herstellung radioaktiver und stabiler Isotope sowie von markierten Verbindungen, kernelektronische Geräte für die Isotopenanwendung (Dickenmesser, Dichtemesser u. ä.) Detektoren für isotopentechnische Arbeiten und den Strahlenschutz in Isotopenlaboratorien, Meßtechnik und Strahlenschutz, Dosimetrie in Isotopenlaboratorien, kerntechnische Geräte für die Isotopenanwendung (Beton, Bestrahlungsanlagen u. ä.), Strahlenchemie, Radiochemie, ökonomische und perspektivische Fragen, Fragen der Weiterbildung.

1. Aufnahme von Manuskripten

Zur Veröffentlichung angenommen werden nur druckreife, noch nicht anderweitig publizierte Beiträge in deutscher, englischer oder russischer Sprache zum Themenbereich der Zeitschrift und zwar

Originalarbeiten
Kurze Mitteilungen
Aus der Praxis
Zusammenfassende Berichte
Tagungsberichte
Informationen.

Sind der Beitrag oder Teile daraus bereits veröffentlicht oder ist eine anderweitige Veröffentlichung vorgesehen, so muß dies der Redaktion mit genauer Angabe der Zweitveröffentlichung mitgeteilt werden. Mit der Annahme des Manuskriptes behält sich der Verlag das Recht der Vervielfältigung, Verbreitung und Übersetzung innerhalb der gesetzlichen Schutzfrist vor. Auszugsweiser Nachdruck oder photomechanische u. a. Wiedergabe sind an eine schriftliche Genehmigung des Verlages gebunden. Manuskripte, Zeichnungen und Photos von veröffentlichten Arbeiten werden nur auf den besonderen und bis zum Zeitpunkt der Veröffentlichung mitgeteilten Wunsch des Autors zurückgesandt.

Bei der unverlangten Einreichung von Manuskripten wird empfohlen, eine Befürwortung eines der Herausgeber oder Redaktionsausschußmitglieder beizufügen.

Manuskripte sind einzureichen bei der Redaktion, 1086 Berlin Leipziger Str. 3—4.

2. Form der Manuskripte

Die Autoren werden gebeten:

2 Manuskripte, eines davon in Original-Maschinenschrift, einseitig und mit 2zeiligem Abstand einzureichen; gut leserliche Photokopien sind zulässig; auf dem 1. Blatt (unter Weglassung der Bezeichnung)

den Titel der Arbeit
Vorname-Initialen und Namen sämtlicher Autoren
gegebenenfalls die Institution, in der sie tätig sind
eine kurze Zusammenfassung der Arbeit von höchstens 15 Zeilen
Keywords in alphabetischer Reihenfolge und
als Fußnote die Anschrift der Institution anzugeben;

wenn möglich, Zusammenfassung, Titel und Autoren *englisch* (bei deutschem oder russischen Manuskript) bzw. *deutsch* (bei englischem Manuskript) 2fach beizufügen;

Literaturhinweise (fortlaufend numeriert), Fußnoten, Tabellen, Abbildungen (in 2—3facher Veröffentlichungsgröße), Abbildungsunterschriften (getrennt von den Abbildungen und Zeichenerklärungen, Quellenangaben, falls erforderlich, und gegebenenfalls mit einem Vermerk für besondere Wünsche bezüglich der Abbildungsgröße), private und Dienstanschrift der Verfasser mit akademischen Titeln und ausgeschriebenen Vornamen auf besonderen Blättern ans Ende des Manuskriptes zu stellen;

Wünsche für den Kolumnentitel (Seitenüberschrift) bekanntzugeben;

Absätze durch Einzüge von mindestens 3 Anschlägen kenntlich zu machen; die Maßeinheiten des SI-Systems („Systeme International") zu verwenden; Korrekturen im Manuskript unmittelbar an der zu korrigierenden Stelle anzubringen;

Formeln deutlich lesbar und möglichst groß einzutragen;

Farbabbildungen und nachträgliche Änderungen oder Ergänzungen in Abbildungen zu vermeiden;

hervorzuhebende Textstellen zu unterstreichen, und zwar halbfetten Satz mit einer geraden schwarzen Linie, kursiven Satz (Schrägschrift) mit einer blauen Wellenlinie (alle Eigennamen). Sperrungen gestrichelt;

besondere Buchstaben durch farbige Unterstreichung zu kennzeichnen, und zwar Formelzeichen in

Griechisch-Kursiv (α, β, ...) rot,
Kursiv (*A*, *B*, ...) blau
halbfetter Kursiv (**A**, **B**, ...) 2 Linien blau (Vektoren),
halbfetter Grotesk (**A**, **B**, ...) 2 Linien violett (Tensoren);

bei Literaturangaben auf Vollständigkeit zu achten. In nachstehender Reihenfolge müssen angegeben sein:

a) bei *Zeitschriften*: Vorname-Initialen und Namen sämtlicher Autoren, Titel der Zeitschrift (nach „Periodica Chimica" oder möglichst wenig gekürzt), Bandnummer (unterstrichen), Jahreszahl (in Klammern), Heftnummer (nur bei Zeitschriften, die jedes Heft mit S. 1 beginnen) sowie die Seitenzahl, auf der die zitierte Arbeit beginnt.

b) bei *Büchern*: Initialen der Vornamen und Name des Autors (Herausgeber werden durch den Zusatz „ed." gekennzeichnet), voll ausgeschriebener Titel des Buches in der Originalsprache, evtl. Bandnummer, voll ausgeschriebener Name des Verlages, Nummer der Auflage (außer der ersten), Erscheinungsort(e), Erscheinungsjahr (hier nicht in Klammern setzen!) und evtl. Kapitelnummer, Seitenzahl u. ä.

c) bei *Sammelbänden, Tagungsberichten*: Es soll zusätzlich der Titel des zitierten Beitrags angegeben werden. Die Seitenzahl muß unbedingt angegeben werden. Aus dem Zitat muß hervorgehen, ob es sich um einen Tagungssammelband oder um einen noch nicht veröffentlichten Vortrag handelt. Zwischen Tagungsort und Erscheinungsjahr des entsprechenden Tagungsberichts ist zu unterscheiden.

3. Korrekturen

Der Autor erhält zwei Umbruchsabzüge, von denen einer möglichst schnell korrigiert an die Redaktion zurückgereicht werden soll. Auf Wunsch des Autors kann die Korrektur auch von der Redaktion gelesen werden.

Durch nachträgliche Manuskriptänderungen verursachte Korrekturkosten gehen, sofern sie 10% der Satzkosten übersteigen, zu Lasten des Autors.

Der Autor erhält 50 Sonderdrucke kostenlos. Weitere Sonderdrucke können bis zur Rückgabe der Korrekturabzüge auf Kosten des Autors bei der Redaktion bestellt werden.

Bezugsmöglichkeiten

Bestellungen sind zu richten

— **in der DDR** an den Postzeitungsvertrieb unter Angabe der Kundennummer des Bestellenden oder an den AKADEMIE-VERLAG BERLIN, DDR-1086 Berlin, Leipziger Straße 3—4, PF-Nr. 1233;
— **im sozialistischen Ausland** an eine Buchhandlung für fremdsprachige Literatur oder an den zuständigen Postzeitungsvertrieb;
— **in der BRD und Berlin (West)** an eine Buchhandlung oder an die Auslieferungsstelle KUNST UND WISSEN, Erich Bieber OHG, Wilhelmstraße 4—6, D-7000 Stuttgart 1;
— **in den übrigen westeuropäischen Ländern** an eine Buchhandlung oder an die Auslieferungsstelle KUNST UND WISSEN, Erich Bieber GmbH, General Wille-Str. 4 CH-8002 Zürich;
— **im übrigen Ausland** an den Internationalen Buch- und Zeitschriftenhandel; den Buchexport Volkseigener Außenhandelsbetrieb der Deutschen Demokratischen Republik, DDR-7010 Leipzig, Postfach 160; oder an den AKADEMIE-VERLAG BERLIN, DDR-1086 Berlin. Leipziger Straße 3—4.

Zeitschrift „Isotopenpraxis"

Herausgeber: Zentralinstitut für Isotopen- und Strahlenforschung der Akademie der Wissenschaften der DDR.
Verlag: Akademie-Verlag Berlin, DDR-1086 Berlin, Leipziger Straße 3—4, PF-Nr. 1233; Fernruf: 223621 oder 2236229; Telex-Nr.: 114420;
Bank: Staatsbank der DDR, Berlin, Kto.-Nr.: 6836-26-20712.
Chefredakteur: Prof. Dr. H. Hübner, Leipzig.
Anschrift der Redaktion der Zeitschrift Isotopenpraxis: Prof. Hübner, DDR-7010 Leipzig, Karl-Marx-Platz, Hauptpostamt, PSF 370; Fernruf: 281018.
Veröffentlicht unter der Lizenznummer 1527 des Presseamtes beim Vorsitzenden des Ministerrates der Deutschen Demokratischen Republik.
Gesamtherstellung: VEB Druckerei „Thomas Müntzer", DDR-5820 Bad Langensalza.
Erscheinungsweise: Die Zeitschrift „Isotopenpraxis" erscheint monatlich. Die 12 Hefte einer Jahrganges bilden einen Band. Bezugspreis je Band 240,— DM zuzüglich Versandspesen; Preis je Heft 20,— DM. Der gültige Jahresbezugspreis für die DDR ist der Postzeitungsliste zu entnehmen.
Bestellnummer dieses Heftes: 1079/22/4.

AN (EDV) 12831
00900

Isotopenpraxis 22 (1986) 4, S. 109 bis 114

Correlation between Parent and Daughter Element Concentrations as a Means of Valuing Rb-Sr-, Sm-Nd-, and K-Ca-Isochrones of Igneous Rocks

K. Wetzel

(Central Institute of Isotope and Radiation Research of the Academy of Sciences of the G.D.R.)[1])

Dedicated to Prof. Dr.-Ing. *Justus Mühlenpfordt* on the occasion of his 75th birthday

The question whether a series of whole rock samples can be attributed to an isochrone for radiogeochronological dating or for determining the initial isotopic ratio of the daughter element of igneous rocks can be valued by means of the correlation between the concentrations ^1c *and* ^2c *of mother and daughter element. The slope of the correlation line in a lg* ^1c *to lg* ^2c *diagram is given by* $\frac{^1D-1}{^2D-1}$ *or* $\frac{^1D-1}{^2D-1}\cdot\frac{^2D}{^1D}$*, if the concentration patterns of* ^1c *and* ^2c *in the whole rock samples are ruled by fractional crystallization or by fractional melting, thus giving evidence of the mother element—daughter element system to be closed. Deviations from this regularity indicate the possibility of post-magmatic changes in chemical composition by which the assumption of the closeness of the system becomes doubtful. The proposed principle is valued by applying to a series of Rb—Sr isochrones.*

Es wird vorgeschlagen, die Zugehörigkeit von Gesteinsproben zu einer Isochrone für die radiogeochronologische Datierung bzw. für die Bestimmung des anfänglichen Isotopenverhältnisses des Tochterelements magmatischer Gesteine auch anhand der Korrelation zwischen den Konzentrationen ^1c *und* ^2c *von Mutter- und Tochterelement zu beurteilen. Die Neigung der Korrelationsgeraden im lg* ^1c*—lg* ^2c*-Diagramm muß sich durch den Ausdruck* $\frac{^1D-1}{^2D-1}$ *bzw.* $\frac{^1D-1}{^2D-1}\times\frac{^2D}{^1D}$ *beschreiben lassen, wenn die Konzentrationen* ^1c *und* ^2c *in den Gesteinsproben durch fraktionierte Kristallisation bzw. fraktioniertes Schmelzen geprägt sind und damit die Geschlossenheit des Mutterelement-Tochterelement-Systems als erwiesen gelten kann. Dabei sind* ^1D *und* ^2D *die Verteilungskoeffizienten von Mutter- und Tochterelement zwischen festem Gestein und Magma. Abweichungen von dieser Gesetzmäßigkeit weisen auf die Möglichkeit postmagmatischer Überprägungen hin, durch welche die Voraussetzung der Geschlossenheit des Mutterelement-Tochterelement-Systems in Frage gestellt wird.*

Keywords

age estimation; crystallization; isotope ratio; granites; granodiorites; igneous rocks; isotope dating; lava; melting; rhyolites

1. Theoretical considerations

If the concentration patterns of a given pair 1—2 of chemical elements are ruled by fractional crystallization or by fractional melting, a linear correlation between the logarithms of concentrations ^1c and ^2c must exist the slope m of which is given by $\frac{^1D-1}{^2D-1}$ in case of fractional crystallization and by $\frac{^1D-1}{^2D-1}\cdot\frac{^2D}{^1D}$ in case of fractional melting [1—3]. ^1D and ^2D are the solid-liquid distribution coefficients of the chemical elements 1 and 2.

If the slope of the lg ^1c—lg ^2c correlation line is equal to or approximately equal to $\frac{^1D-1}{^2D-1}$, the isochrone probably yields the igneous crystallization age, but if this slope can be better described by $\frac{^1D-1}{^2D-1}\cdot\frac{^2D}{^1D}$, the isochrone can be supposed to correspond with the age of magma generation (by partial melting).

[1]) Address: DDR-7050 Leipzig, Permoserstraße 15

As we already have shown in earlier publications [4—6], whole rock distribution coefficients of alkaline, alkaline earth and rare earth elements and of the elements of the first transition period of the periodic table can be approximately calculated using the relation

$$\lg D = k + S\cdot\Delta I \tag{1}$$

where k and S can be determined empirically. The k and S values of the mentioned chemical elements are tabulated [6—7], while ΔI is given by

$$\Delta I_{FC} = 0.475 - 0.534 I^s \tag{2}$$

in case of fractional crystallization and by

$$\Delta I_{PM} = 0.488 I^s - 0.350 \tag{3}$$

in case of fractional melting or partial melting, respectively. I^s denotes *Schütze*'s ^{18}O index [8] of the solid phase which can be calculated using the mineral and/or the chemical composition of the solid phase. Tab. 1 shows the values of I^s, ΔI_{FC} and ΔI_{PM} for a number of typical igneous rocks.

In case of generation of melts with the chemical composition of granites and rhyolites by partial melting the

Tab. 1. Values of ΔI_{FC} and ΔI_{PM} for a number of abundant igneous rocks

type of rock	ΔI_{FC}	ΔI_{PM}
gabbros, basalts	0·090	0·000
diorites, andesites	0·075	0·020
quartzdiorites, granodiorites, dacites, rhyodacites	0·020	0·065
granites, rhyolites	0·000	0·080÷0·000

eutectic character of these systems has to be taken into account. Such melts can be formed from intermediary rocks as well as from granites and rhyolites themselves. Thus a whole span of ΔI_{PM} values from 0·080 down to 0·000 has to be taken into account [3].

Tab. 2 shows the distribution coefficients D of the rubidium-strontium system in dependence on the type of rocks under consideration and the slopes of the lg ^{Rb}c to lg ^{Sr}c correlation lines for fractional crystallization $\left(\frac{^{Rb}D-1}{^{Sr}D-1}\right)$ and partial melting

$$\left(\frac{^{Rb}D-1}{^{Sr}D-1}\cdot\frac{^{Sr}D}{^{Rb}D}\right)$$

calculated from equation (1) using ΔI_{FC} and ΔI_{PM} values in Tab. 1.

It is important to emphasize that the expression $\left(\frac{^{Rb}D-1}{^{Sr}D-1}\right)_{FC}$ has an unsteadiness within the span between gabbroic-basaltic and intermediary rocks:

$$-32{\cdot}6>\left(\frac{^{Rb}D-1}{^{Sr}D-1}\right)_{FC}>+6{\cdot}66$$

because ^{Sr}D passes unity in this region. That means $\frac{^{Rb}D-1}{^{Sr}D-1}$ passes the scale from $-32{\cdot}6$ to $-\infty$ and from $+\infty$ to $+6{\cdot}66$ in the region between gabbroic-basaltic and intermediary rocks. The same is true for $\left(\frac{^{Rb}D-1}{^{Sr}D-1}\times\frac{^{Sr}D}{^{Rb}D}\right)_{PM}$ within the region of granitic rocks:

$$-15{\cdot}1>\left(\frac{^{Rb}D-1}{^{Sr}D-1}\cdot\frac{^{Sr}D}{^{Rb}D}\right)_{PM}>+77{\cdot}0$$

and for $\left(\frac{^{Rb}D-1}{^{Sr}D-1}\cdot\frac{^{Sr}D}{^{Rb}D}\right)_{PM}$ of granites within the region of eutectic melting:

$$-1{\cdot}16>\left(\frac{^{Rb}D-1}{^{Sr}D-1}\cdot\frac{^{Sr}D}{^{Rb}D}\right)_{PM}>77{\cdot}0$$

Therefore the method for valuing samples used for Rb—Sr dating of igneous rocks proposed here is characterized by a considerable uncertainty in the region between gabbroic-basaltic and intermediary rocks in case of fractional crystallization and the region of granitic rocks in case of fractional melting. For this reason it is important to evaluate the mechanism which rules the concentration patterns of the rock series in question using element pairs other than Rb—Sr the distribution coefficients of which do not pass unity in the whole region of chemical compositions from gabbroic to granitic rocks [3], if corresponding geochemical data are available.

Tab. 3 summarizes the distribution coefficient D of the samarium—neodymium system in dependence on the type of rocks and the slopes of the lg ^{Sm}c — lg ^{Nd}c correlation lines for fractional crystallization $\left(\frac{^{Sm}D-1}{^{Nd}D-1}\right)$ and partial melting $\left(\frac{^{Sm}D-1}{^{Nd}D-1}\cdot\frac{^{Nd}D}{^{Sm}D}\right)$

The procedure of calculation is as described for the Rb—Sr system.

Other than in case of the Rb—Sr system the Sm—Nd system is characterized by two unsteadinesses of either $\left(\frac{^{Sm}D-1}{^{Nd}D-1}\right)_{FC}$ and $\left(\frac{^{Sm}D-1}{^{Nd}D-1}\right)_{PM}$, because both ^{Sm}D and ^{Nd}D pass unity in the region between gabbroic and granitic rocks.

For fractional crystallization theses unsteadinesses are in the region of granitis rocks, for fractional melting in the span between gabbroic and intermediary rocks, the corresponding expressions for the slope of the correlation line passing infinity two times in each case.

A comparison with the properties of the Rb—Sr system reveals that Rb—Sr and Sm—Nd systems fortunately are supplementary with respect to the regions, where $\left(\frac{^{1}D-1}{^{2}D-1}\right)_{FC}$ and $\left(\frac{^{1}D-1}{^{2}D-1}\cdot\frac{^{2}D}{^{1}D}\right)_{PM}$ respectively, become infinity.

Tab. 4 summarizes the distribution coefficients D of the K—Ca system and the slopes of the lg ^{K}C — lg ^{Ca}C correlation lines for fractional crystallization $\left(\frac{^{K}D-1}{^{Ca}D-1}\right)$ and

Tab. 2. Distribution coefficients ^{Rb}D and ^{Sr}D in dependence on the type of rocks and the slopes of the lg ^{Rb}c — lg ^{Sr}c correlation lines for fractional crystallization $\left(\frac{^{Rb}D-1}{^{Sr}D-1}\right)$ and partial melting $\left(\frac{^{Rb}D-1}{^{Sr}D-1}\cdot\frac{^{Sr}D}{^{Rb}D}\right)$

type of rock	fractional crystallization		partial melting		$\left(\frac{^{Rb}D-1}{^{Sr}D-1}\right)_{FC}$	$\left(\frac{^{Rb}D-1}{^{Sr}D-1}\right)\cdot\left(\frac{^{Sr}D}{^{Rb}D}\right)_{PM}$
	^{Rb}D	^{Sr}D	^{Rb}D	^{Sr}D		
gabbros, basalts	0·341	0·901	0·647	1·884	+6·66	−1·16
diorites, andesites	0·380	1·019	0·561	1·600	−32·6	−2·09
quartzdiorites, granodiorites, dacites, rhyodacites	0·561	1·600	0·408	1·106	−0·732	−15·1
granites, rhyolites	0·647	1·884	0·366 ./. 0·647	0·978 ./. 1·884	−0·399	+77 ./. −1·16

Tab. 3. Distribution coefficients ^{Sm}D and ^{Nd}D in dependence on the type of rocks and the slopes of the $\lg ^{Sm}c - \lg ^{Nd}c$ correlation lines for fractional crystallization $\left(\frac{^{Sm}D - 1}{^{Nd}D - 1}\right)$ and partial melting $\left(\frac{^{Sm}D - 1}{^{Nd}D - 1} \cdot \frac{^{Nd}D}{^{Sm}D}\right)$

type of rock	fractional crystallization ^{Sm}D	^{Nd}D	partial melting ^{Sm}D	^{Nd}D	$\left(\frac{^{Sm}D - 1}{^{Nd}D - 1}\right)_{FC}$	$\left(\frac{^{Sm}D - 1}{^{Nd}D - 1} \cdot \frac{^{Nd}D}{^{Sm}D}\right)_{PM}$
gabbros, basalts	0·571	0·491	1·047	1·135	0·843	0·377
diorites, andesites	0·631	0·565	0·915	0·942	0·848	1·509
quartzdiorites, granodiorites, dacites, rhyodacites	0·915	0·942	0·675	0·620	1·47	0·786
granites, rhyolites	1·047	1·135	0·610 ./. 1·047	0·539 ./. 1·135	0.349	0·748 ./. 0·377

Tab. 4. Distribution coefficients ^{K}D and ^{Ca}D in dependence on the type of rocks and the slopes of the $\lg ^{K}c - \lg ^{Ca}c$ correlation lines for fractional crystallization $\left(\frac{^{K}D - 1}{^{Ca}D - 1}\right)$ and partial melting $\left(\frac{^{K}D - 1}{^{Ca}D - 1} \cdot \frac{^{Ca}D}{^{K}D}\right)$

type of rock	fractional crystallization ^{K}D	^{Ca}D	partial melting ^{K}D	^{Ca}D	$\left(\frac{^{K}D - 1}{^{Ca}D - 1}\right)_{FC}$	$\left(\frac{^{K}D - 1}{^{Ca}D - 1} \cdot \frac{^{Ca}D}{^{K}D}\right)_{PM}$
gabbros, basalts	0·285	1·875	0·577	1·694	−0·817	−1·79
diorites, andesites	0·320	1·844	0·493	1·733	−0·806	−2·43
quartzdiorites, granodiorites, dacites, rhyodacites	0·493	1·733	0·346	1·823	−0·692	−4·19
granites, rhyolites	0·577	1·694	0·308 ./. 0·577	1·854 ./. 1·694	−0·610	−4·88 ./. −1·79

partial melting $\left(\frac{^{K}D - 1}{^{Ca}D - 1} \cdot \frac{^{Ca}D}{^{K}D}\right)$, calculated as described for the Rb—Sr system.

Neither K nor Ca shows distribution coefficients near or even equal to unity, thus the calculated slopes of the $\lg ^{K}c - \lg ^{Ca}c$ correlation lines do not become unsteady in the whole region of silicatic rocks. Compared with Rb—Sr and Sm—Nd systems that is an important advantage of this so far disliked radiogeochronological systems for dating igneous rocks.

Since equation (1) only holds for whole alumosilicate rocks but not for single minerals [7], the particular method proposed here is only valid for whole rocks isochrones or for whole rock samples of isochrones. Of course mineral samples can also be made available to this method by comparing the slopes of the $\lg ^{1}c - \lg ^{2}c$ correlation lines with those calculated from mineral-melt distribution coefficients determined by measuring element concentrations in minerals and groundmass.

2. Application on certain Rb—Sr isochrones of igneous rocks

The method proposed for valuing Rb—Sr, Sm—Nd and K—Ca isochrones of igneous rocks by means of $\lg ^{1}c - \lg ^{2}c$ correlations will now be applied on a number of isochrones.

Clarke and *Halliday* [9] have investigated the strontium isotopic geology of the South Mountain batholite in southwestern Nova Scotia, Canada. The isochrone of the biotite granodiorite consists of 6 whole rock and 8 mineral samples resulting in a Rb—Sr age $\tau = 371{\cdot}8 \pm 2{\cdot}2$ Ma and an initial isotopic ratio $(^{87}Sr/^{86}Sr)_i = 0{\cdot}7081$. The slope of the $\lg ^{Rb}c - \lg ^{Sr}c$ correlation line amounts to $m = -0{\cdot}644$ and the correlation coefficient to $r = -0{\cdot}90$. This m value is in excellent agreement with $\left(\frac{^{Rb}D - 1}{^{Sr}D - 1}\right)_{FC}$ = for $-0{\cdot}732$ for granodiorite in Tab. 2. (A calculation of $\left(\frac{^{Rb}D - 1}{^{Sr}D - 1}\right)_{FC}$ this particular granodiorite using the major element data given by *Clarke* and *Halliday* yields $I^s = 0{\cdot}868$, $\Delta I_{FC} = 0{\cdot}0115$ and $\left(\frac{^{Rb}D - 1}{^{Sr}D - 1}\right)_{FC} = -0{\cdot}569$ which is also in good agreement with the slope of the correlation line.) As Tab. 2 shows, the value $\left(\frac{^{Rb}D - 1}{^{Sr}D - 1} \cdot \frac{^{Sr}D}{^{Rb}D}\right)_{PM}$ for concentration patterns controlled by partial melting is far from being consistent. This is the agreement with the results of major and trace element studies of *Clarke* and *Halliday* [9], of *McKenzie* and *Clarke* and of *Charest* [10] that the South Mountain batholith has evolved by monotonic fractional crystallization of a single parent magma.

The Rb and Sr concentrations of the 7 whole rock samples of the adamellites of the South Mountain batholith, investigated by *Clarke* and *Halliday* [9] show a $\lg ^{Rb}c - \lg ^{Sr}c$ correlation with $r = -0{\cdot}62$ and have therefore to be excluded from interpretation in terms of the method described in the present paper. The Rb and Sr concentrations in the 6 whole rock samples of the late intrusive rocks of this batholith which belong to an isochrone yielding $\tau = 361{\cdot}2 \pm 1{\cdot}4$ Ma and $(^{87}Sr/^{88}Sr)_i = 0{\cdot}71021$, however, show a linear $\lg ^{Rb}c - \lg ^{Sr}c$ correlation with $m = -0{\cdot}342$

and a sufficiently high $r = -0.81$. Regarding these porphyries to be granitic with respect to their chemical composition this is evidence of fractional crystallization $\left(\left(\frac{^{Rb}D - 1}{^{Sr}D - 1}\right)_{FC} = -0.399 \text{ in Tab. 3}\right)$ in agreement with the evolution model already mentioned. (A calculation of $\left(\frac{^{Rb}D - 1}{^{Sr}D - 1}\right)_{FC}$ for these particular porphyries using major element data given by *Clarke* and *Halliday* gives $I^s = 0.903$, $\Delta I_{FC} = -0.0073$ and $\left(\frac{^{Rb}D - 1}{^{Sr}D - 1}\right)_{FC} = -0.318$ which is also in excellent agreement with $m = -0.342$).

Thus the calculations presented confirm the fractional crystallization model for the batholith and give additional support to the assumption that the Rb—Sr systems of these granodiorites and porphyries are controlled by fractional crystallization not disturbed by postmagmatic processes.

Rb—Sr investigations of *A. Michard-Vitrac* et al. [11] on plutonic rocks of the Malacheta Igneous Complex of the Central Pyrenees, Spain, have resulted in only one isochrone, namely one isochrone of granodiorites with 8 whole rock samples corresponding to $\tau = 277 \pm 7$ Ma and $(^{87}Sr/^{86}Sr)_i = 0.7117$. But the $\lg {}^{Fb}c - \lg {}^{Sr}c$ correlation line is distinguished by a very small correlation coefficient $r = -0.13$ indicating other processes than fractional crystallization or partial melting controlling concentration patterns. This agrees with the conclusion of *Michard-Vitrac* et al. from their Sr, Rb and ^{18}O studies that simple fractional crystallization can be ruled out and that the magmas are generated by "melting at different levels of a vertically—zoned source in the continental crust".

Halliday et al. [12] have found Rb—Sr isochrones for the three largest granitic plutons in southern Scotland yielding $\tau = 408 \pm 2$ Ma for Doon, $\tau = 397 \pm 2$ Ma for Griffel and $\tau = 392 \pm 2$ Ma for Fleet and $(^{87}Sr/^{86}Sr)_i$ increasing in this sequence. The isochrones of Doon is represented by 18 whole rock samples and 7 mineral samples the $\lg {}^{Rb}c - \lg {}^{Sr}c$ correlation of whole rock samples being characterized $\lg m = -0.957$ and $r = -0.95$. Regarding that 11 from 18 samples are dioritic and granodioritic, this is evidence of fractional crystallization controlled concentration patterns not disturbed by postmagmatic events. The Giffel pluton consists of granodiorties and granites. Its isochrone consists of 16 whole-rock and 7 mineral samples. The $\lg {}^{Rb}c - \lg {}^{Sr}c$ correlation of the whole-rock samples is characterized by $m = -0.485$ and $r = -0.96$ in excellent agreement with fractional crystallization control. The Fleet pluton has an isochrone represented by 12 whole rock and 3 mineral samples. The $\lg {}^{Rb}c - \lg {}^{Sr}c$ correlation line shows a slope $m = -0.242$ and a correlation coefficient $r = -0.78$ which gives convincing evidence of fractional crystallization as the process determining concentration patterns and of the absence of postmagmatic disturbances of the Rb—Sr system. The results of oxygen-18 measurements confirm the absence of postmagmatic events in case of all three plutons. Hence the application of the method described in the present paper confirms the conclusions of *Halliday* et al. [12] on the evolution of the three plutons.

Patchett et al. [13] report Rb—Sr age data for late Precambrian and Cambrian igneous rocks from the border region of England and Wales. Stanner Hill felsic intrusion defines an isochrone represented by 8 whole rock samples giving $\tau = 702 \pm 8$ Ma and $(^{87}Sr/^{86}Sr)_i = 0.7053$. The $\lg {}^{Rb}c - \lg {}^{Sr}c$ correlation is characterized by $m = -0.645$ instead of -0.732 for granodioritic composition and fractional crystallization control of concentration patterns. Uriconian volcanic suite from the Wrekin area consisting of unmetamorphosed calc-alkaline lavas and pyroclastic rocks of a basalt-andesite-dacite-rhyolite association defines an isochrone represented by 11 whole rock samples giving $\tau = 588 \pm 16$ Ma and $(^{8}/Sr/^{8}/Sr)_i = 0.70444$. The slope $m = -1.27$ of the $\lg {}^{Rb}c - \lg {}^{Sr}c$ line ($r = -0.72$) is, as Tab. 2 shows, consistent with fractional crystallization as well as partial melting control. This uncertainty has to be attributed to the lack of precise knowledge of chemical composition of the rocks with respect to major elements. Furthermore partial melting control is really a plausible mechanism in case of pyroclastic rocks.

Baydarsajan et al. [14] have found a Rb—Sr isochrone with 8 whole rock (and 2 biotite) samples from the Bratislava granite massif of the Malé Karpaty Mountains, ČSSR, yielding $\tau = 347 \pm 4$ Ma and $(^{87}Sr/^{86}Sr)_i = 0.7076$. The slope $m = -0.349$ of the $\lg {}^{Rb}c - \lg {}^{Sr}c$ line corresponds well with $\left(\frac{^{Rb}D - 1}{^{Sr}D - 1}\right)_{FC} = -0.399$ of granites (see Tab. 2) giving evidence of the age to be an igneous crystallization age.

Analysis of the Rb—Sr isochrone of four intrusive rocks of southwestern Maine, U.S.A., established by *Gaudette* et al. [15] in terms of $\lg {}^{Rb}c - \lg {}^{Sr}c$ correlations, yields unequivocal results. Lyman granite pluton marked by 5 whole rock samples shows $m = -0.426$ ($r = -0.82$) in excellent agreement with $\left(\frac{^{Rb}D - 1}{^{Sr}D - 1}\right)_{FC}$ for granites (see Tab. 2.).

Webcannet pluton represented by 5 granodiorite, granite and aplite samples shows $m = -0.118$ ($r = -0.76$) which deviates from $\left(\frac{^{Rb}D - 1}{^{Sr}D - 1}\right)_{FC}$ as well as from $\left(\frac{^{Rb}D - 1}{^{Sr}D - 1} \times \frac{^{Sr}D}{^{Rb}D}\right)_{PM}$ for granitic rocks (see Tab. 2). This does not necessarily contradict to the interpretation of *Gaudette* et al., who emphasize that the determined age of 390 ± 10 Ma may be, in fact, somewhat younger than the crystallization age of the pluton. The $\lg {}^{Rb}c - \lg {}^{Sr}c$ correlation of the Biddeford pluton of southwestern Maine, U.S.A., has a correlation coefficient of $r = -0.33$, the slope being $m = -0.118$. Both results do not corroberate that the Rb—Sr age of $\tau = 341 \pm 12$ Ma is a crystallization age. Saco pluton isochrone which is represented by only 3 samples, two of them having similar values, must be excluded from our investigation.

V. V. Drach and *H. J. Lippolt* [16] have found an Rb—Sr isochrone of a hornblende syenite dyke in the Potmurg valley of the northern Schwarzwald, F.R.G., established by 5 whole rock samples.

The isochrone yields $\tau = 284 \pm 12$ Ma and $(^{87}Sr/^{87}Sr)_i = 0.7057$.

The slope of the $\lg {}^{Rb}c - \lg {}^{Sr}c$ line is found to be $m = -1.92$, the correlation coefficient being as high as $r = -0.98$. This slope corresponds with $\left(\frac{^{Rb}D - 1}{^{Sr}D - 1}\right)_{FC}$ in the region between dioritic and granitic rocks as well as with $\left(\frac{^{Rb}D - 1}{^{Sr}D - 1} \cdot \frac{^{Sr}D}{^{Rb}D}\right)_{PM}$ of dioritic rocks (see Tab. 2). This is evidence that the isochrone reflects either crystallization age or age of magma generation.

Among the 3 granites in the border zone of the Ketilidian mobile belt, South Greenland, investigated by *F. Kalsbeck* and *P. N. Taylor* [17] there is only one showing a $\lg {}^{Rb}c - \lg {}^{Sr}c$ correlation with a correlation coefficient $|r| \geqq 0{\cdot}70$ ($r = -0{\cdot}70$). It is Quiartorfik granite with a Rb—Sr isochrone marked by 10 samples yielding $\tau = 1675 \pm 45$ Ma and $({}^{87}Sr/{}^{86}Sr)_i = 0{\cdot}7044$. The slope of the $\lg {}^{Rb}c - \lg {}^{Sr}c$ line is found to be $m = -0{\cdot}386$ in good agreement with the value $-0{\cdot}399$ for granites in Tab. 2, representative for concentration patterns controlled by fractional crystallization. The $\lg {}^{Rb}c - \lg {}^{Sr}c$ correlations of Kaerne granite and Storo granite of the Ketilidian mobile belt show correlation coefficient as low as $+0{\cdot}072$ and $-0{\cdot}041$, respectively, indicating that Rb and Sr concentration patterns are controlled neither by partial melting nor by fractional crystallization.

Rb—Sr radiogeochronological work at the Central Institute of Isotope and Radiation Research, Leipzig, of the Academy of Sciences of G.D.R. has revealed two granites of the Ore Mountains, G.D.R., with extremely low $({}^{87}Sr/{}^{86}Sr)_i$ values: Altenberg granite shows an isochrone marked by 7 whole rock (and 2 mineral) samples yielding $\tau = 305{\cdot}3 \pm 1{\cdot}7$ Ma and $({}^{87}Sr/{}^{86}Sr)_i = 0{\cdot}6890$ [18], while some of the Younger Granites of the Eibenstock intrusive body and the Sauberg granite are characterized by isochrones yielding ages of about 325 Ma and $({}^{87}Sr/{}^{86}Sr)_i \approx 0{\cdot}700$.

All these Younger Granites show $\lg {}^{Rb}c - \lg {}^{Sr}c$ correlations either with correlation coefficients $|r| \leqq 0{\cdot}70$ or with correlation coefficients $|r| \geqq 0{\cdot}70$, but slopes m corresponding neither with fractional crystallization nor with partial melting, while the Older Granites of the Western Ore Mountains show normal $({}^{87}Sr/{}^{86}Sr)_i$ values and $\lg {}^{Rb}c - \lg {}^{Sr}c$ correlations having high correlation coefficients and slopes m corresponding with $\left(\frac{{}^{Rb}D - 1}{{}^{Sr}D - 1}\right)_{FC}$ for granites. This is clear evidence that the extremely low $({}^{87}Sr/{}^{86}Sr)_i$ values of the Younger granites of the Western Ore Mountains and of the Altenberg granite of the Eastern Ore Mountains are at least partially due to postmagmatic alteration of Rb and/or Sr concentration patterns and not or only partially due to a mantle origin of the magmas the differentiation of which gave rise to the generation of these granites.

This constraint is supported by ${}^{18}O$ investigations of our Central Institute of Isotope and Radiation Research on the Sanberg granite, Ehrenfriedersdorf which also give evidence of postmagmatic alterations [19].

Granites of the Fichtelgebirge, F.R.G., could be in some genetic relation to the granites of the Western Ore Mountains not only because of their neighbourhood, but also because some of them are also tin bearing and because one of them seems to have an extremely low $({}^{87}Sr/{}^{86}Sr)_i$ value, too [20]. We find $\lg {}^{Rb}c - \lg {}^{Sr}c$ correlation lines with $m = -2{\cdot}61$ ($r = 0{\cdot}89$) for granite G 2 ("Randgranit"), $m = -1{\cdot}89$ ($r = -0{\cdot}85$) for the granite G 3 ("Kerngranit") and $m = 2{\cdot}54$ ($r = -0{\cdot}998$) for the granite G 4 ("Zinngranit") all of which are in accordance with $\left(\frac{{}^{Rb}D - 1}{{}^{Sr}D - 1} \times \frac{{}^{Sr}D}{{}^{Rb}D}\right)_{PM}$ agreement with our earlier results of $\lg {}^1c - \lg {}^2c$ investigation on these granites [3] which have proved concentration patterns of a series of major and trace elements to be controlled by magmatic processes.

On the other hand the granite G 1 (Weißenstadt-Markleuthen porphory granite) dated by these authors does not show a $\lg {}^{Rb}c - \lg {}^{Sr}c$ correlation ($r = 0{\cdot}01$!) which gives evidence that Rb and Sr concentration patterns are not ruled by fractional crystallization or by partial melting and that the Rb—Sr isochrone age of 310 ± 14 Ma refers to any other event. Perhaps this event is the intrusion of younger granites which according to *Besang* et al. probably also gives rise to the deviating and scattering Rb—Sr and K—Ar biotite ages of this granite.

In order to check the method by the hand of metamorphic rocks the concentration patterns of which are certainly not ruled or only exceptionally ruled by magma generation or by fractional crystilization the $\lg {}^{Rb}c - \lg {}^{Sr}c$ correlations of gneisses from Fiskencrosset area shall be considered. *Kalsbeck* and *Pidgeon* [21] have determined Rb—Sr whole rock isochrone ages of those polymetamorphic archaean gneisses of 2600—2800 Ma the $\lg {}^{Rb}c - \lg {}^{Sr}c$ correlations of which are characterized by small absolute values of correlation coefficients ($r = -0{\cdot}3 \div -0{\cdot}5$).

Only Dalagers Nunatakker gneiss shows $r = -0{\cdot}90$, but the slope of its correlation line $m = -1{\cdot}80$ deviates distinctly from $\left(\frac{{}^{Rb}D - 1}{{}^{Sr}D - 1}\right)_{FC}$ for granites (see Tab. 2).

This check-test also gives evidence of the validity of the method proposed in the present paper.

3. Discussion

High correlation coefficients of ${}^1c - {}^2c$ or $\lg {}^1c - \lg {}^2c$ correlation lines of element pairs 1—2 for radiogeochronological dating of igneous rocks is a necessary, but not a sufficient condition for considering concentration patterns of mother and daughter element to be controlled by fractional crystallization or by partial melting, thus warranting that the isochron age is a magma generation or a crystallization age, respectively. Such high correlation coefficients can also be accidental or due to magma mixing as the process ruling concentration patterns. It is therefore valuable to supplement this criterion by comparing the slope m of the $\lg {}^1c - \lg {}^2c$ correlation line with the expression $\left(\frac{{}^1D - 1}{{}^2D - 1}\right)_{FC}$ calculated from the solid-liquid distribution coefficients ${}^1D$ and ${}^2D$ for fractional crystallization or with the expression $\left(\frac{{}^1D - 1}{{}^2D - 1} \cdot \frac{{}^2D}{{}^1D}\right)_{PM}$ calculated from the solid-liquid distribution coefficients ${}^1D$ and ${}^2D$ for partial melting, respectively. In such a way under the most favourable circumstances partial melting and fractional crystallization cannot only be distinguished from other magmatic and from other than magmatic processes, but also from each other. The value of this way of evaluating isochrones is restricted by the poor knowledge of distribution coefficients of such element pairs like U—Pb, Th—Pb and Re—Os in solid-liquid aluminosilicate systems and by the fact that the solid-liquid distribution coefficients of Sr, Sm and Nd pass unity in the region between gabbro-basaltic rocks and granites. The only radiogeochronological system which is free from both disadvantages is the K—Ca system. But there are no K—Ca isochrones marked by a sufficiently large number of whole rock samples so far.

The author hopes that this eulogium will contribute to overcome this situation.

We want to emphasize that a high correlation coefficient ($r \geqq 0.70$) and a good agreement of the slope of the correlation line with either $\left(\frac{{}^1D-1}{{}^2D-1}\right)_{FC}$ or $\left(\frac{{}^1D-1}{{}^2D-1}\cdot\frac{{}^2D}{{}^1D}\right)_{PM}$ is intrinsic evidence that the isochrone corresponds to either fractional crstallization or partial melting age, but the contrary is not necessarily true. Wallrock assimilation and other processes involved in magmatism induce correlation coefficients to be decreased and slopes of the $\lg {}^1c - \lg {}^2c$ correlation lines to deviate from those calculated from distribution coefficients, while this process does not falsify the crystallization age, as long as homogeneity of the liquid phase is warranted [2].

4. Conclusions

Determination of the slopes and the correlation coefficients of $\lg {}^1c - \lg {}^2c$ correlation lines of element pairs 1—2 uesd for radiogeochronological dating is a tool for valuing the question whether a series of samples can be attributed to an isochrone for radiogeochronological dating and/or for determining the initial isotopic ratio of the daughter element of igneous rocks. The slope of the correlation line in a $\lg {}^1c - \lg {}^2c$ diagram agrees with $\left(\frac{{}^1D-1}{{}^2D-1}\right)_{FC}$ or $\left(\frac{{}^1D-1}{{}^2D-1}\cdot\frac{{}^2D}{{}^1D}\right)_{PM}$, if the concentration patterns ${}^1c$ and ${}^2c$ are determined by fractional crystallization or by fractional melting, thus giving evidence of a closed mother element — daughter element system since crystallization or magma generation. Application on a series of Rb—Sr isochrones, using distribution coefficients D calculated by a semi-empirical approach of the type $\lg D = k + S \cdot \Delta I$ with ΔI being equal to the difference of *Schuetze's* ${}^{18}O$ indices of liquid and solid phase, yields petrogenetic constraints confirming results of other investigations.

Received September 27, 1985

References

[1] *K. Wetzel, R. Haberlandt*, Geochim. Cosmochim. Acta, in press

[2] *K. Wetzel*, Zs. geol. Wiss., Berlin, in press

[3] *K. Wetzel*, Chem. Erde, in press

[4] *K. Wetzel*, Chem. Erde **42** (1983) 239

[5] *K. Wetzel*, Isotopenpraxis **21** (1985) 160

[6] *K. Wetzel*, Isotopenpraxis **21** (1985) 153

[7] *K. Wetzel*, Chem. Erde, in press

[8] *H. Schütze*, Dissertation B, Akad. d. Wiss. d. DDR, Berlin 1983, 115 S.

[9] *D. B. Clarke, A. N. Halliday*, Geochim. Cosmochim. Acta **44** (1980) 1045

[10] *C. B. McKenzie, D. B. Clarke*, Canad. J. Earth Sci. **12** (1975) 1209; *M. H. Charest*, Petrology, Geochemistry and Mineralization of the Ross Area, Lunenberg Country, Nova Scotia, MSc Thesis, Dalhhousie University 1976

[11] *A. Michard-Vitrac, F. Albarede, C. Dupnic, H. P. Taylor*, Jr., Contrib. Mineral. Petrol. **72** (1980) 57

[12] *A. N. Halliday, W. E. Stephens, R. S. Harmon*, J. Geol. Soc. (Lond.) **137** (1980) 329

[13] *P. J. Patchett, N. H. Gale, R. Goodwin, M. J. Humon*, J. Geol. Soc. (Lond.) **137** (1980) 649

[14] *C. P. Bagdarsarjan, R. Ch. Gakasjan, B. Cambel, I. Veselsky*, Geologicky Zbornik, Geologia Carpathica **33** (1982) 131

[15] *H. E. Gaudette, A. Korach, A. M. Hussey*, Can. J. Earth Sci. **19** (1982) 1350

[16] *V. von Drach, H. J. Lippolt*, Neues Jb. Mineral. Abh. **122** (1974) 229

[17] *F. Kalsbeck, P. N. Taylor*, Earth Planet. Sci. Lett. **73** (1985) 65

[18] *H. Gerstenberger, Th. Kaemmel, G. Haase, M. Geisler*, ZfI-Preprint **14** (1982) 1

[19] *K. Wetzel*, Isotopenpraxis **21** (1985) 77

[20] *C. Besang, W. Harre, H. Kreuzer, H. Lenz, P. Müller, I. Wendt*, Geol. Jb. E 8 (1976) 3

[21] *F. Kalsbeck, R. T. Pidgeon*, Earth Planet. Sci. Lett. **50** (1980) 225

Isotopenpraxis **22** (1986) 4 S. 114

Buchbesprechung

Physikalische Effekte
Anwendungen, Beschreibungen, Tabellen

Joachim Schubert. 2. überarb. Auflage. Weinheim; Physik Verlag 1984. 143 S., 50 Tab.: geb. DM 48,—

Effekte, Phänomene, Paradoxa und ähnliche unerwartete Erscheinungen in einer naturwissenschaftlichen Disziplin werden häufig zur Kurzbezeichnung mit dem Namen des Entdeckers belegt. In der Chemie werden viele Reaktionen und Umlagerungen mit den Namen der Entdecker verknüpft; aber auch in der Entwicklung der Physik hat sich bereits ein umfangreiches Wissensgut an solchen besonderen Erscheinungen angesammelt, das nicht immer leicht in einschlägigen Lehrbüchern und Monographien aufgefunden werden kann und das in Nachschlagewerken (Lexika) meist zu ungenau und ohne weiterführende Literatur wiedergegeben wird.

Der Autor des vorgelegten Buches hat sich der großen Mühe unterzogen, eine lexikalisch angeordnete Zusammenstellung physikalischer Effekte einschließlich ihrer Anwendungen vorzulegen, die hier bereits in 2. Auflage erscheint und damit die vorhandene Nachfrage deutlich erkennen läßt. In einem tabellarischen Anhang werden die Effekte und Erscheinungen auch nach den Teilgebieten der Physik geordnet, — ein zusätzliches Angebot, bestimmte Stichworte schneller auffinden zu können. Der Versuch, den Isotopieeffekt der Supraleitung und den Isotopieeffekt der Diffusion und Verdampfung von isotopen Systemen zuzuordnen, ist nicht überzeugend, da beide Begriffe uneinheitlich verwendet werden, wie überhaupt eine Aufgliederung in thermodynamische Isotopieeffekte und kinetische Isotopieeffekte zweckmäßiger und auch genauer wäre, wobei vielleicht auch der Lösungsmittel-Isotopieeffekt erwähnenswert wäre. Im Zusammenhang mit isotopen Systemen wären noch die *Teller-Redlich*-Produktregel und die *Waldmann*sche Regel zu ergänzen. Den Abschluß bildet eine nur auf 3 Seiten zusammengefaßte und ausgewählte Chronologie der Effekte und wichtigsten Ereignisse in der Physik — hier wünscht man sich eine deutliche Erweiterung bei einer Neuauflage.

Ein kleines Buch mit gewichtigem Inhalt, wenn jemand schnell in einer (oder seiner) Bibliothek eine nähere Auskunft über einen Effekt in der Physik und teilweise auch in ihren Randgebieten (Astrophysik) benötigt. In vielen Fällen kann dem Suchenden mit diesem Buch weitergeholfen werden, so daß es gewiß schnell eine gebührende Verbreitung und Nutzung finden wird.

H. Hübner

Isotopenpraxis 22 (1986) 4, S. 115 bis 121

15 Jahre Strahlenforschung im Zentralinstitut für Isotopen- und Strahlenforschung Leipzig

J. Bös, M. Bär, G. Hübner, J. Schmidt, H. W. Schulze

(Zentralinstitut für Isotopen- und Strahlenforschung Leipzig)[1]

Herrn Prof. Dr.-Ing. *Justus Mühlenpfordt* zu 75. Geburtstag gewidmet

Seit 1969 wurden im ZfI Leipzig ein leistungsfähiges Potential der Strahlenforschung entwickelt und die Lösung volkswirtschaftlich bedeutsamer Aufgabenstellungen in Angriff genommen. Eine Vielzahl von Aufgaben der Grundlagen- und angewandten Forschung auf dem Gebiet der Strahlenchemie und -biologie wurden bearbeitet und in einigen Fällen die gewonnenen Ergebnisse erfolgreich in die Volkswirtschaft überführt. Dazu wurden insgesamt 10 Gammabestrahlungsanlagen und 2 Elektronenbeschleuniger im Institut bzw. in Industrie und Landwirtschaft konzipiert und aufgestellt.

An efficient potential for radiation research has been developed at the Central Institute of Isotope and Radiation Research in Leipzig since 1969. Many problems in the field of basic and applied research of radiation chemistry and biology have been studied. Ten gamma plants and two electron accelerators have been designed and established for scientific, industrial and agricultural application.

Keywords

accelerators; gamma radiation; ionizing radiation; irradiation plants; radiation biology; radiation chemistry; radiation effects; radiation processing; radiation sources; radurization

Mit der Bildung des Zentralinstituts für Isotopen- und Strahlenforschung (ZfI) im Jahre 1969 war der Start zum Aufbau eines leistungsfähigen Potentials der Strahlenforschung eng verbunden.

Damit wurde die Tatsache berücksichtigt, daß die Nutzung ionisierender Strahlung als Wirkprinzip für die Gestaltung von Verfahrenstechnologien in der chemischen und elektrotechnischen Industrie, der Leichtindustrie, im Bauwesen sowie in der Land- und Nahrungsgüterwirtschaft und im Umweltschutz im internationalen Maßstab eine wachsende Bedeutung erlangt hatte bzw. in den nächsten Jahren zu erlangen versprach.

Durch eine zielgerichtete Grundlagen- und eine damit eng verknüpfte angewandte Forschung, anlagentechnische und technologische Entwicklungsarbeit, Aktivitäten auf dem Gebiet von Dosimetrie und Strahlenschutz wurden die Voraussetzungen geschaffen für die Einführung strahlentechnischer Verfahren in die Volkswirtschaft der DDR und die damit verbundene Nutzung ihrer spezifischen Vorteile in bezug auf die Prozeßführung (niedrige Temperatur, geringe Anzahl von Prozeßstufen, gute Steuer- und Regelbarkeit), die Möglichkeit zur Einsparung von Energie und Material bei Erhöhung der Produktqualität, zur Reduzierung der Umweltbelastung und zur Erhöhung der Volksgesundheit.

Neben der Heranführung bzw. der Heranbildung von Erfahrungsträgern und Spezialisten wurden deshalb apparativ-methodische Grundlagen sowohl für die zeitaufgelöste und stationäre Untersuchung von strahleninitiierten Elementarprozessen und Reaktionen, wie die Pulsradiolyse, die Laserphotolyse, die Gammaradiolyse, als auch zur Charakterisierung stabiler Strahlungseffekte und Radiolyseprodukte, wie die ESR-, NMR- und optische Spektroskopie, die Gaschromatographie sowie diverse Methoden der Polymeranalytik, aufgebaut. Dabei leisteten im Anfangsstadium Importe aus der UdSSR, besonders von Labor-Bestrahlungsanlagen und Radionuklidstrahlenquellen, eine wesentliche Hilfe. Später führten die gewonnenen eigenen Kenntnisse, Fähigkeiten, Erfahrungen und Möglichkeiten zur institutsinternen Konzipierung, Entwicklung, Konstruktion und teilweise auch zum Bau von Gammabestrahlungsanlagen für Forschung und Produktion für das ZfI selbst bzw. für Nutzer in der Volkswirtschaft im Zusammenhang mit der Überführung von Forschungsergebnissen und technologischen Untersuchungen. Die Entwicklung war dabei gekennzeichnet durch den Aufbau immer größerer Bestrahlungsanlagen für den multivalenten oder spezialisierten Einsatz sowie durch das Suchen nach zweckmäßigen Technologien mit hoher Betriebsstabilität, Strahlungsnutzung und Sicherheit. Eine Reihe volkswirtschaftlich bedeutsamer Anwendungen der energiereichen Strahlung auf dem Gebiet der chemischen Stoffumwandlung und zur Nutzung biologischer Strahlenwirkungen konnte bisher realisiert werden.

1. Bestrahlungstechnik

Die Entwicklung der Bestrahlungstechnik am ZfI begann im Jahre 1969. Sie war gekennzeichnet durch die Installation und die Entwicklung sowie durch die Beteiligung an der Entwicklung von bislang 12 bestrahlungstechnischen Anlagen, insbesondere von 10 Gammabestrahlungsanlagen (vgl. Tab. 1). Die ersten 3 Bestrahlungseinrichtungen wurden aus der UdSSR importiert und bis zum Jahre 1972 in Betrieb genommen. Mit dem Elektronenbeschleuniger ELIT-1 des Instituts für Kernphysik Nowosibirsk wurde die experimentelle Basis für die strahlenchemische Grundlagenforschung auf dem Gebiet der Pulsradiolyse geschaffen.

[1]) Anschrift: DDR-7050 Leipzig, Permoserstraße 15

Tab. 1. Gammabestrahlungseinrichtungen des ZfI bzw. vom ZfI entwickelte Bestrahlungsanlagen

Anlagenbezeichnung	Anlagentyp	Strahlenquellen (1) Strahler (2) Konfiguration (3) Ablagerung in ...	Radionuklid u. Aktivität, TBq	Strahlungsfeld (1) Dosisleistung (2) Feldverteilung	Bestrahlungstechnologie (1) Bestrahlungsobjekt (2) Bestrahlungsart	Schutztechnik (1) Abschirmtechnik (2) Strahlenquellenumsetzung	Einsatzgebiete
PX-γ-30	stationäre Selbstschutzanlagen	(1) Zylinderumhüllung (2) fest	^{60}Co 750	(1) konstant (2) homogen	(1) kleines zylindrisches Bestrahlungsvolumen (4,4 l) (2) Produkteinschleusung	(1) Bleizylinder (2) nicht vorhanden	Grundlagenforschung
Issledovatel			^{60}Co 600				
PXM-γ-20		(3) Bleizylinder	^{60}Co 450				
GB 77	stationäre Raumbestrahlungsanlagen	(1) umhüllend (2) variabel (3) Bleibehälter	^{60}Co 250	(1) veränderbar (2) homogen	(1) zylindrisches Bestrahlungsvolumen für multivalente Nutzung (2) Stückgutbestrahlung	(1) von Beton oder Erdreich umschlossener Bestrahlungsraum mit Möglichkeit für Personenzugang (Strahlenschutztür oder Einstiegsluke) (2) mechanische Schubvorrichtungen	Foschung
GUP 32			^{60}CO 1250				
GBC 80			^{60}Co 950		(1) Wirbelbettreaktor (2) kontinuierlicher Produktdurchlauf		Pilotanlage für die strahlenchemische Nachchlorierung von PVC-Pulver
GBE 82		(1) innerhalb des Bestrahlungsgefäßes (2) fest (3) Beton/Eisenkies	^{60}Co 2400	(1) konstant (2) homogen	(1) Bestrahlungsgefäß mit Zu- u. ablauf (2) Chargenbestrahlung		Produktionsanlage für die Strahlenbehandlung von Enzymlösungen
GBZ 81	stationäre Schüttgutbestrahlungsanlage	(1) umhüllend (2) fest (3) Betonkörper	^{60}Co 2000	(1) konstant (2) inhomogen	(1) Schüttgut auf einem Drehtisch (2) kontinuierlicher Produktdurchlauf		Pilotanlage für die Strahlenbehandlung von Schüttgütern
GBS 84	computergesteuerte stationäre Raumbestrahlungsanlage	(1) Raumstrahler (2) fest (3) Wasserbecken	^{60}Co 11000	(1) konstant (2) inhomogen	(1) Stück- und Schüttgut in Containern (2) stoßweiser Produktdurchlauf mit Rollenförderern (Mehrseitenbestrahlung)		Produktionsanlage für multivalente Anwendung, insbes. zur Strahlenbehandlung von Lebensmitteln
HWK 3	tragbare Raumbestrahlungsanlage	(1) Raumstrahler (2) variabel (3) Uranbehälter	^{137}Cs 200	(1) dreistufig (2) inhomogen	(1) beliebig (2) Freifeldbestrahlung	(1) Nutzung natürlicher oder baulicher Mittel (2) pneumatische Schubvorrichtung	Schadinsektbekämpfung

In den vergangenen 15 Jahren gelang es, mit diesem Gerät – nicht zuletzt durch Verbesserungen am Elektronenbeschleuniger selbst und durch eine laufende Weiterentwicklung der angeschlossenen Apparaturen sowie der methodischen Konzeptionen – wesentliche Beiträge zur Aufklärung von strahlungsinduzierten Reaktionsmechanismen zu erbringen. In seiner spezifischen Zubereitung für die Pulsradiolyse war der ELIT-1 trotz einer möglichen (mittleren) Strahlleistung von 500 W nicht geeignet für technische Applikationen. Entsprechende Vorhaben wurden vielmehr an die Nutzung der Gammastrahlung, wie sie in ^{60}Co-Hochdosisleistungs-Bestrahlungsanlagen zur Verfügung steht, geknüpft. Hierzu wurden zunächst die beiden Laborbestrahlungsanlagen PX-γ-30 und PXM-γ-20 installiert, die dann später noch eine Ergänzung in der Anlage „Issledovatel" erhielten. Diese Gammabestrahlungsanlagen sind als Selbstschutzanlagen konstruiert und können in jedem beliebigen Raum Aufstellung finden. Die zu bestrahlenden Objekte werden zum Zwecke der Bestrahlung über eine Produktschleuse in das Bestrahlungsvolumen gebracht. Zweckmäßig war eine unterschiedliche Beladung dieser 3 Anlagen mit ^{60}Co-Strahlenquellen. Da diese Anlagen in ihrem inneren Aufbau gleich sind (Abb. 1), gelang es, drei unterschiedlich intensive Strahlungsfelder mit Dosisleistungen im Bereich von etwa 10^3 bis 10^4 Gy/h einzurichten und eine Vielzahl von Bestrahlungsaufgaben unter verschiedenen Bedingungen zu gestalten. Von Nachteil war aber das kleine Bestrahlungsvolumen von nur 4,4 l. Darin war es nicht möglich, ausreichende Produktmengen für nachfolgende Untersuchungen bereitzustellen und technologisch erforderliche Zusatzeinrichtungen einzubringen.

Für die Entwicklung von strahlenchemischen Verfahren machte es sich erforderlich, eine Gammabestrahlungsanlage

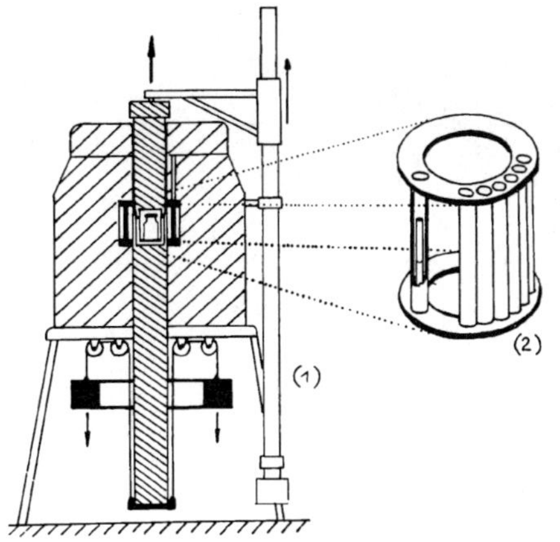

Abb. 1. Schnitt durch die Selbstschutz-Bestrahlungsanlage
1 – PX-γ-30; 2 – Kassettenkorb

aufzubauen, die insbesondere folgende Möglichkeiten bieten sollte:

- großes (variables) Bestrahlungsvolumen für beliebige Reaktionsgefäße
- Einstellung jeder beliebigen Dosisleistung in vorgegebenen Grenzen
- möglichst homogene Strahlungsfelder
- Gewährleistung der Stückgutbestrahlung (Panorama-Raumbestrahlung)
- Prototyp für weitere Entwicklungsvorhaben.

Unter diesen Forderungen und insbesondere zur Entwicklung des strahlenchemischen Verfahrens der Chlorierung von PVC wurde von Mitarbeitern des ZfI Anfang 1971 eine Konzeption für eine entsprechende Bestrahlungsanlage vorgelegt. Entsprechend dieser Konzeption vollzog sich der Aufbau der Anlage GB 77 (Abb. 2), die im Februar 1972 für den praktischen Einsatz zur Verfügung gestellt werden konnte, sich bis heute vorzüglich und sicher bei einer Vielzahl von Aufgaben bewährt hat und auch als Vorbild für die Entwicklung weiterer stationärer Raumbestrahlungsanlagen diente.

Charakteristisch für die GB 77 ist die Verwendung von jeweils 3 oder 4 zylindrischen ^{60}Co-Strahlenquellen (∅ 11 mm × 80,5 mm) gleicher Aktivität, die aus einem Ablagebehälter mittels pneumatisch betriebener Schubsysteme in drei s-förmig gekrümmte, drehbare Führungsrohre umgesetzt werden. Mit Hilfe eines Rechenprogramms konnte der Nachweis erbracht werden, daß zwischen diesen 3 (parallelen) Rohren – sofern sie denselben Abstand haben – ein ausreichend homogenes Strahlungsfeld existiert. Die 3 Führungsrohre können bei der gewählten Formgebung aber auch als enges Bündel zusammengestellt werden und so einen einzigen Linienstrahler für eine Raumbestrahlung ergeben.

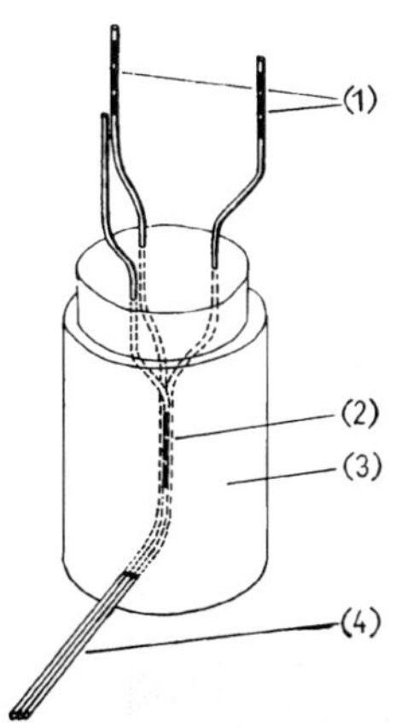

Abb. 2. Prinzipieller Aufbau der stationären Gammabestrahlungsanlage GB 77
1 – Strahlenquellen in Bestrahlungsposition; 2 – Strahlenquellen in Ruhelage; 3 – Blei-Ablagebehälter; 4 – Komplex der Führungsrohre und des Schubsystems

In den Jahren nach 1974 konzentrierten sich im ZfI die Arbeiten zur Bestrahlungstechnik auf die Entwicklung und Aufstellung noch größerer Bestrahlungsanlagen ähnlicher Bauart, darunter solcher, die auch für Produktionszwecke geeignet sind. In der Vorbereitungsphase wurden dabei auch umfassende Arbeiten zur Berechnung und zur Dosimetrie von Strahlungsfeldern durchgeführt, die vor allem der Optimierung der Bestrahlungstechnologie dienten. Ziel solcher Optimierungen war und ist es, im Innern von bestrahlten Objekten eine möglichst homogene Dosisverteilung zu gewährleisten, die veranschlagte Mindestdosis zu erreichen und eine Überdosierung nur begrenzt zuzulassen. Relativ einfach ist diese Aufgabe, wenn bei der Umhüllung eines Bestrahlungsgefäßes mit Strahlenquellen bereits ein homogenes Strahlungsfeld eingerichtet werden konnte, da sich daraus auch eine homogene Dosisverteilung ergibt. Hingegen müssen bei Panorama-Raumbestrahlungen von Stückgütern (z.B. Kartonagen) wegen der nach außen hin abfallenden Dosisleistung mehrfache Drehungen der Objekte im Verlaufe der Bestrahlung durchgeführt werden (Mehrseitenbestrahlung), die ohne vorherige Berechnungen im allgemeinen nicht hinreichend genau zu bewerten sind.

Eine Bestrahlungsanlage, die für diese beiden Bestrahlungsversionen geeignet ist, wurde vom VNIIRT in Moskau unter der Bezeichnung GUP 32 für das ZfI gefertigt. Sie besitzt zwölf s-förmig gekrümmte Führungsrohre, in denen kugelförmige Strahlenquellen bewegt werden. Die Führungsrohre wurden so beladen, daß sich in sechs Rohren Strahlenquellen mit einer hohen und in den dazwischenliegenden Rohren Quellen von niedrigerer Aktivität befinden. Es können jeweils bestimmte Rohre für die einzelnen Bestrahlungsaufgaben als Strahler ausgewählt und durch deren räumliche Anordnung mannigfaltige (unterschiedlich intensive) Strahlungsfelder erzeugt werden. Mit der GUP 32 steht dem ZfI eine leistungsfähige Gammabestrahlungsanlage für vielseitige Anwendungen in der Grundlagen-, Erkundungs- und angewandten Forschung zur Verfügung.

Die in den 70er Jahren an der GB 77 erfolgreich durchgeführten Versuche zur PVC-Chlorierung und die mit der GUP 32 erreichten Ergebnisse bei der Reduzierung der Keimzahlen in Enzymlösungen veranlaßten die entsprechenden Vertragspartner des ZfI, VEB Chemiekombinat Bitterfeld bzw. VEB PROWIKO Schönebeck, in den jeweiligen Betrieben die Aufstellung einer eigenen Bestrahlungsanlage vorzubereiten. Mit Unterstützung des ZfI wurden die notwendigen Konzeptionen und Konstruktionen erarbeitet. So entstanden weitere, der GB 77 ähnliche, aber mit mehreren Führungsrohren ausgestattete Raumbestrahlungsanlagen.

Bei der Bestrahlungsanlage GBC 80 im CKB sind die Führungsrohre verstellbar angeordnet. Dagegen ist bei der Enzymbestrahlungsanlage GBE 82 eine Verstellung der Rohre nicht möglich. Hier wurden die Führungsrohre zwecks optimaler Strahlungsnutzung in das Innere des Reaktors verlegt. Bei der vorgesehenen Chargenbestrahlung richtet

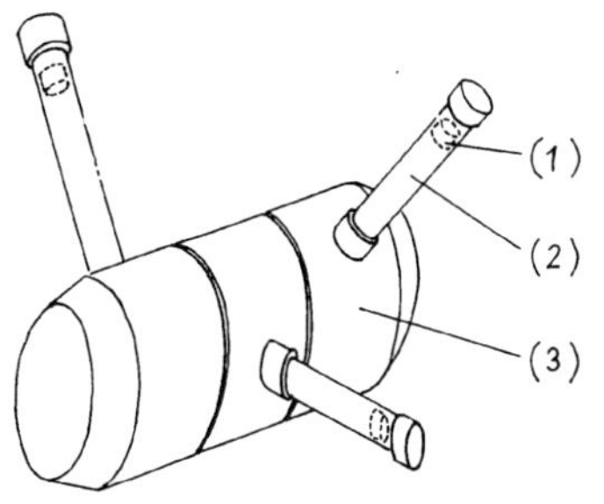

Abb. 3. Prinzipieller Aufbau der tragbaren Gammabestrahlungsanlage HWK-3

1 – Zylinderförmige ^{137}Cs-Strahlenquelle in Bestrahlungsposition; 2 – Bestrahlungsrohr; 3 – Uranium-Ablagebehälter

sich die Bestrahlungszeit nach der Ausgangskonzentration an Keimen.

Mitte der 70er Jahre entstand auch der Gedanke, eine tragbare Gammabestrahlungseinrichtung zu bauen. Sie sollte eine wesentlich höhere Strahlungsintensität als die bekannten Radiographiegeräte der zerstörungsfreien Werkstoffprüfung besitzen. Beabsichtigt war, mit ihr von Anobien befallene hölzerne Objekte vor Ort zu bestrahlen. In Zusammenarbeit mit dem ČSSR-Institut für Kernbrennstoffe in Zbraslav entstand die Anlage HWK-3 (Abb. 3). Bei einer Masse von etwa 200 kg ist diese Anlage in einer Typ B(U)-Transportverpackung von 4 Personen tragbar. Als Strahler dienen ^{137}Cs-Strahlenquellen, die pneumatisch aus einem Uranium-Ablagebehälter in 3 Bestrahlungsrohre gebracht werden können. Die von diesen Strahlenquellen emittierte Gammabestrahlung bietet mit ihrer niedrigeren Energie bessere Möglichkeiten des Strahlenschutzes als die Strahlung aus ^{60}Co-Strahlenquellen.

Seit 1980 werden am ZfI Untersuchungen zur Lebensmittelbestrahlung durchgeführt. Wie in anderen Ländern sollte mit der Strahlenbehandlung von Speisezwiebeln in größerem Maßstab begonnen werden. Da die Bestrahlung der Zwiebeln nur eine begrenzte Zeit nach der Ernte erfolgversprechend ist, mußte zur Behandlung von jährlich bis zu 1 kt Zwiebeln eine leistungsfähige Anlage zur Verfügung stehen. Eine solche wurde in nur 4 Monaten im Jahre 1981 als Schüttgutbestrahlungsanlage GBZ 81 (vgl. Abb. 4a) gemeinsam mit Betrieben des Bezirkes Leipzig konzipiert, entwickelt, gefertigt und betriebssicher bereitgestellt. Durch die Verwendung von ausgesonderten ^{60}Co-Strahlenquellen aus Teletherapiegeräten und durch eine kostensparende Bautechnik (Erdaufschüttung) für den Strahlenschutz wurde eine preisgünstige Investition möglich. Die Bestrahlung der Zwiebeln als Schüttgut erforderte eine spezifische Fördertechnologie, die insbesondere durch einen Drehtisch (Abb. 4b) charakterisiert ist. Wegen der dazu notwendigen horizontalen Verlegung der Bestrahlungsrohre mußten ein andersartiges Schubsystem zum Transport der Strahlenquellen aus dem Ablagebehälter und weitere neuartige Zusatzeinrichtungen entwickelt werden.

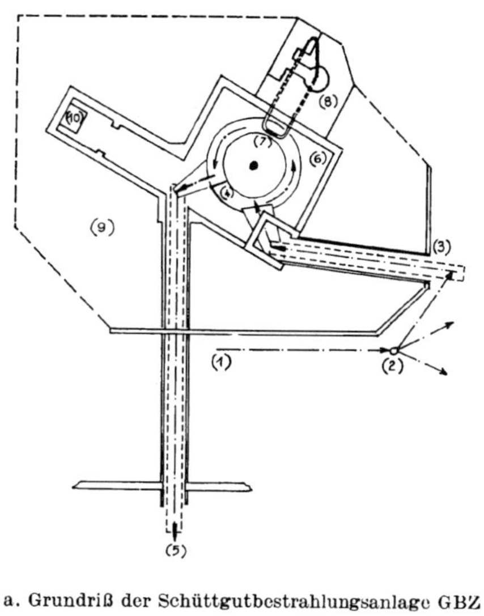

Abb. 4a. Grundriß der Schüttgutbestrahlungsanlage GBZ 81

1 – Aufgabestelle für Zwiebeln; 2 – Reinigungs-, Entkrautungs- und Sortiertechnik; 3 – Eingang des zuführenden Kanals; 4 – Drehtisch; 5 – Ausgang des abführenden Kanals; 6 – unterirdischer Bestrahlungsbunker; 7 – Bestrahlungszone; 8 – Betonkörper mit Ruhelager, Be-/Entladekomplex und Schubsystem für die Strahlenquellen; 9 – Erdaufschüttung; 10 – Personeneinstieg

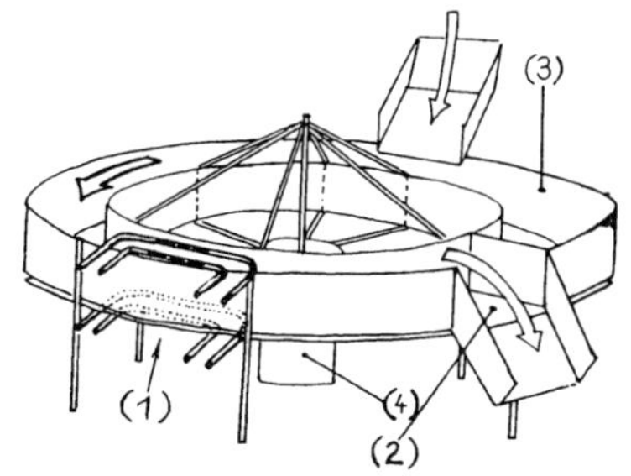

Abb. 4b. Fördertechnologie im Bestrahlungsbunker der GBZ 81

1 – Bestrahlungszone (Führungsrohre/Strahlenquellen); 2 – Drehtisch; 3 – Behältnis für das Schüttgut; 4 – Antrieb des Drehtisches

Die positiven Ergebnisse, die die Anlage GBZ 81 bei 5 Zwiebelernten brachte, stimulierten den Aufbau einer noch größeren Anlage GBS 84 zur Strahlenbehandlung von Zwiebeln und anderen Lebensmitteln sowie von Futtermitteln, Arzneimitteln, Kosmetikhilfsstoffen usw. Konzipiert als multivalent einsetzbare Bestrahlungsanlage mit rechnergestütztem Produktdurchlauf, ist bei ihr für das Bestrahlungsgut eine spezifische Fördertechnologie notwendig. Behältnisse in den Abmessungen 1,2 m × 1,0 m × 2,4 m werden stoßweise einer Achtseitenbestrahlung ausgesetzt, wobei auch mehrfache Umläufe zur Applizierung hoher Dosen organisiert werden können (Abb. 5). Die intensive Strahlleistung der Quellen (insgesamt 4,5 kW) erlaubt nicht deren Ablagerung in einem Schwermetall- oder Betonkörper. Entsprechend wurde die Anlage GBS 84 mit einem Wasserbecken ausgestattet, das aus

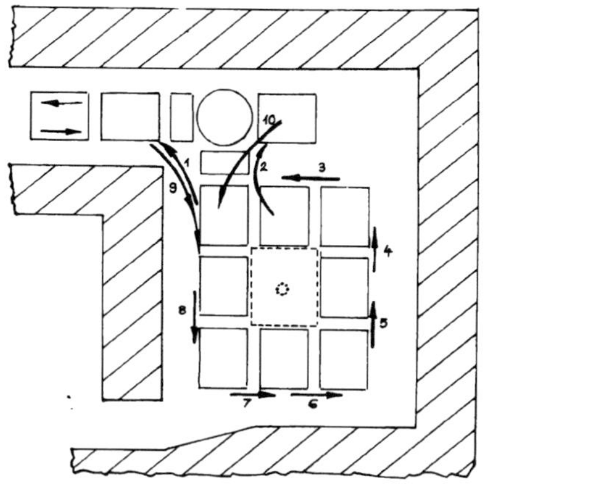

Abb. 5. Achtseitenbestrahlung an der Anlage GBS 84

Die Zahlen bezeichnen die Schritte für die Umsetzung eines Containers in die gezeichneten Positionen

Strahlenschutzgründen 6,5 m Tiefe besitzt. Im Wasserbecken können die Strahlenquellen aus dem Transportcontainer entnommen, die Strahler beladen und vorübergehend nicht benötigte Strahlenquellen abgelegt werden. Der Strahler wird mit einer Seilwinde aus dem Becken in die Bestrahlungsposition gehoben.

2. Angewandte Strahlenforschung

Nach der Installation der Selbstschutz-Bestrahlungsanlagen und deren Beladung mit ^{60}Co-Quellen erfolgten zwangsläufig zuerst dosimetrische Messungen zur Bestimmung der Dosisleistung und Ermittlung der Homogenität des Strahlenfeldes im Bestrahlungsraum. Diese Messungen wurden in der Folgezeit durch Anwendung und Entwicklung chemischer, Folien- und Halbleiterdosimeter systematisch erweitert und präzisiert. In den folgenden Jahren wurden dann vielfältige Bestrahlungen und strahlenchemische Untersuchungen durchgeführt, von denen nur einige aufgeführt werden sollen. Ersten Untersuchungen zur strahlenchemischen Chlorierung von Kohlenwasserstoffen und PVC folgten umfangreiche Arbeiten zur Pfropfung von Vinylmonomeren auf verschiedene Polymere.

Ein weiteres Gebiet waren die Untersuchungen zur Strahlenresistenz polymerer Werkstoffe, elektronischer und optischer Teile u. a. zwecks Prüfung ihres Einsatzes in Strahlenräumen. Durch eine gezielte Versuchsführung konnte ein strahlenresistenteres Lagermedium für ^{60}Co-Quellen in verockerungsgefährdeten Wasserbrunnen vorgeschlagen und in die Praxis überführt werden. An den Laborbestrahlungsanlagen wird weiterhin die Umweltproblematik — strahlenchemische SO_2-Oxidation in Rauchgasen — bearbeitet. Aus diesen Untersuchungen können neue Erkenntnisse zur Schadstoffentfernung aus Abgasen abgeleitet werden. Erwähnt werden sollen auch langjährige Arbeiten zur Aufklärung von Reaktionsmechanismen in niedermolekularen Modellverbindungen in der flüssigen Phase und bei tiefen Temperaturen ($\geqq 77$ K) in der festen Phase zur Klärung von Fragen der Vernetzungs- und Pfropfreaktionen in Polymeren. Während der gesamten Zeit wurden darüber hinaus eine Vielzahl von Bestrahlungen kleiner Objekte für die Industrie, die Landwirtschaft und andere wissenschaftliche Einrichtungen durchgeführt.

Obwohl der Elektronenbeschleuniger ELIT-1 prinzipiell für langfristig angelegte Grundlagenuntersuchungen im ZfI installiert wurde, sind auch mit diesem Forschungsgerät von Anfang an zielgerichtete Arbeiten zur Wechselwirkung der ionisierenden Strahlung mit organischen Materialien, vor allem Kohlenwasserstoffen und Monomeren, im Hinblick auf eine Nutzung dieser Ergebnisse in der gesellschaftlichen Praxis erfolgt. So wurden für zeitaufgelöste Untersuchungen von strahleninitiierten Elementarreaktionen hochleistungsfähige Methoden der Pulsradiolyse mit optischem Nachweis (Absorptions- und Emissionsspektrometrie) und ESR-Spektrometrie aufgebaut und damit der Grundstein gelegt zur Aufklärung strahlenchemischer Primärprozesse. Mit diesen Methoden wurden wertvolle Aussagen zur Bildung, Migration und Reaktion von Radikalionen, Elektronen, Radikalen und angeregten Spezies, zum Energie- und Ladungstransfer sowie zu Reaktionskinetik und -mechanismus gewonnen.

Die umfangreichen Ergebnisse sind in einer Vielzahl von Publikationen und auf den regelmäßig stattfindenden Tagungen „Working Meeting on Radiation Interaction" [1] veröffentlicht bzw. vorgetragen worden und haben auch international Anerkennung gefunden.

Für das erste in der DDR für die chemische Industrie entwickelte strahlenchemische Verfahren zur trockenen Chlorierung von PVC auf einen Chlorgehalt von 62—63% wurden entsprechend der Maßstabsvergrößerung vom Gramm- in den Kilogramm-Bereich die Gamma-Bestrahlungsanlagen PX-γ-30 und GB 77 benutzt [2, 3].

In enger Kooperation mit dem VEB Chemiekombinat Bitterfeld ist dazu schließlich als Kernstück einer Pilotanlage im CKB die Gamma-Bestrahlungsanlage GBC 80 konzipiert, gefertigt und in Betrieb genommen worden. Die Bedeutung dieser Pilotanlage liegt darin, daß in ihr in einem einstufigen Prozeß (bei den konventionellen Verfahren handelt es sich um mehrstufige Naßverfahren) „kochfestes" PVC produziert werden kann, das wegen seiner Wärmebeständigkeit bis zu 115 °C im Gegensatz zu normalem PVC dort einsetzbar ist, wo es mit Nutz- oder Abwasser von nahezu 100 °C in Kontakt kommt. So kann z.B. dieses chlorierte PVC bei Installationen im Wohnungsbau in Gestalt von Warmwasser- und Abwasserrohren anstelle von verzinkten Eisenrohren eingesetzt werden.

Bei der Entwicklung eines weiteren industriellen strahlentechnischen Verfahrens ermöglichten die Gamma-Bestrahlungsanlagen des ZfI die erforderlichen Voruntersuchungen. Mit den Anlagen GB 77 und GUP 32 wurde nachgewiesen, daß durch die Behandlung von Enzymlösungen mit ionisierender Strahlung (^{60}Co-Gammastrahlung) eine erhebliche Keimzahlreduzierung erreicht werden kann. Die Keimzahlen in Brauereienzym und Glucoamylase liegen produktionsbedingt bei 10^8 bis 10^9 Keimen/ml. Zulässig sind bei der Anwendung aber nur 10^3 Keime/ml. Die konventionellen Entkeimungsmethoden beruhen auf einem Filtrationsverfahren, bei dem relativ hohe Enzymverluste auftreten und außerdem Asbestfilter benutzt werden, die nicht mehr zum Einsatz kommen dürfen.

Das gemeinsam mit dem VEB PROWIKO vom ZfI entwickelte strahlentechnische Entkeimungsverfahren zeichnet sich nicht nur durch seine Einfachheit aus, sondern arbeitet auch praktisch ohne Verluste bezüglich der Enzymausbeute und der Enzymaktivität. Möglich ist ein Produkt mit weniger als 10^2 Keimen/ml. Die Strahlendosis liegt dabei unter dem zulässigen Wert von 10 kGy, der bei der Bestrahlung von Lebensmitteln oder Lebensmittelhilfsstoffen höchstens appliziert werden darf. Der VEB PROWIKO und das ZfI haben auch die dazugehörige Gamma-Bestrahlungsanlage GBE 82 gemeinsam entwickelt. Diese befindet sich in Schönebeck und wird vom VEB PROWIKO betrieben.

Während die beiden Produktionsanlagen GBC 80 und GBE 82 für jeweils spezielle Einsatzzwecke gefertigt worden waren, handelt es sich bei der HWK-3 um eine universell einsetzbare Bestrahlungseinrichtung und die nach unseren Ermittlungen einzige tragbare Hochdosisleistungs-Gammabestrahlungsanlage der Welt. Sie wurde ursprünglich konzipiert und gebaut, um in nicht ortsveränderlichen, kulturhistorisch wertvollen hölzernen Kunstgegenständen erfolgreich Schädlinge (Anobien) bekämpfen zu können. Sie wurde so konzipiert und ausgeführt, daß man sie prinzipiell an jedem beliebigen Ort betreiben kann. Die HWK-3 wurde 1979 zum ersten Male bei der Behandlung eines historisch wertvollen, von Anobien befallenen Parkettfußbodens im Neuen Palais der Staatlichen Schlösser und

Gärten Potsdam-Sanssouci eingesetzt [4, 5]. Eine konventionelle Behandlung wäre im Gegensatz dazu außerordentlich zeitaufwendig und hätte wahrscheinlich nicht die vollständige Abtötung der Schadinsekten bewirkt.

Inzwischen hat sich gezeigt, daß die HWK-3 auch mit Erfolg für eine Reihe andersartiger Vorhaben eingesetzt werden kann. Zu ihren Anwendungsmöglichkeiten gehört die Auslösung von Mutationen in pflanzlichem Material zwecks Züchtung neuer Sorten. So wurden in der GPG „Roter Oktober", Bad Langensalza, bei einem Freilandversuch auf einem einige Hektar großen Rosenfeld etwa 600 Rosenbüsche bestrahlt. Die dazu erforderliche Dosis ist niedrig und kann mit der HWK-3 gut appliziert werden, wenn man die Bestrahlungsanlage — wie in diesem Falle auf einen Traktor montiert — schrittweise über das Rosenfeld fährt.

Eine weitere Anwendung der HWK ergibt sich wiederum bei der Behandlung hölzerner Gegenstände. Oft sind historische Hölzer in einem sehr schlechten Zustand, was ihre Struktur und Festigkeit betrifft. Wird nun aber der desolate Holzgegenstand mit einem geeigneten Monomeren (im allgemeinen mit Methylmethacrylat) getränkt und dann so lange bestrahlt, bis das Monomere in der Holzmatrix auspolymerisiert ist, so kann ein außerordentlich hoher Verfestigungseffekt im Holz erreicht werden. Auch einige Teile der in alter Schönheit wiedererstandenen historischen Kanone „Faule Magd" auf der Festung Königstein wurden strahlenchemisch verfestigt.

Schließlich konnte die HWK-3 erfolgreich für die Testung der Wirksamkeit baulicher Abschirmungen von stationären Bestrahlungsanlagen verwendet werden. Das trifft sowohl für die Schüttgutbestrahlungsanlage GBZ 81 als auch für die multivalent nutzbare Bestrahlungsanlage GBS 84 zu. Die Möglichkeit, nach Fertigstellung der Strahlenschutzmauern einer Bestrahlungsanlage deren Wirksamkeit zu prüfen, ohne daß die geplante Bestrahlungseinrichtung vorliegt, hat insbesondere den Vorteil, vor der Beladung evtl. Fehler bei der Gestaltung der Ab-Abschirmung erkennen und beseitigen zu können.

Schwerpunkte der Arbeiten auf dem Gebiet der angewandten Strahlenbiologie ist die Erarbeitung von Grundlagen der Lebensmittelbestrahlung sowie der Strahlenbehandlung von Futtermitteln und diversen Grund- und Hilfsstoffen. Die Arbeiten hierzu wurden im ZfI im Jahre 1980 aufgenommen, als durch die Ergebnisse einer breit angelegten internationalen Forschung die toxikologische Unbedenklichkeit der Lebensmittelbestrahlung bis zu einer Dosis von 10 kGy nachgewiesen und die Einführung des Verfahrens durch eine gemeinsames Expertenkomitee der FAO/IAEA/WHO empfohlen worden war. Im ZfI mußten technologische Lösungen gesucht, die Ökonomie der Strahlenbehandlung geprüft sowie die für die DDR zweckmäßigsten Anwendungsgebiete ermittelt werden.

Die bereits erwähnte Schüttgutbestrahlungsanlage GBZ 81 [6] wurde speziell für die Strahlenbehandlung von Speisezwiebeln entwickelt. Sie läßt sich problemlos in die übliche Einlagerungstechnologie integrieren, so daß die Strahlenbehandlung unmittelbar bei der Ernte erfolgen kann. Parallel zu den technischen Entwicklungen dieser Anlage durchgeführte physiologische Untersuchungen über die strahleninduzierte Keimungshemmung bei Zwiebeln zeigten, daß die optimale Wirkung der Bestrahlung innerhalb von drei Wochen nach der Ernte erzielt wird und daß im Dosisbereich zwischen 20 und 70 Gy keine dosisabhängigen Unterschiede der Keimungshemmung auftreten [7].

Durch die Strahlenbehandlung können die z. Z. üblichen Einlagerungen von Zwiebeln auf Leichtkühlflächen für die Versorgung in den Monaten Mai bis Juli vollständig abgelöst, ca. 300 kWh Elektroenergie pro Tonne Zwiebeln eingespart und die Verluste um 50% gesenkt werden. Die Kosten für die Strahlenbehandlung sind niedriger als die Kosten für die Kühllagerung. Zusätzliche Gewinne ergeben sich durch die Senkung der Verluste [8]. Effektivitätsbetrachtungen ergaben jedoch, daß die erforderlichen ^{60}Co-Strahlenquellen außerhalb der Ernteperiode der Zwiebeln für die Strahlenbehandlung anderer Produkte genutzt werden müssen.

Gemeinsam mit mehr als 30 interessierten Partnern der Industrie, der Landwirtschaft und wissenschaftlicher Institute wurden deshalb Untersuchungen zur Strahlenbehandlung weiterer Produkte, wie Gewürze, Geflügelschlachtkörper, Futtermittel u. a., durchgeführt, wozu auch mikrobiologische und sensorische Prüfungen in Vorbereitung des Zulassungsverfahrens erfolgen. Für strahlenbehandelte Gewürze wurden die Einsatzmöglichkeiten bei der Herstellung von Präserven und Konserven [9], dabei erzielbare Energieeinsparungen, die Verlängerung der Haltbarkeit der Endprodukte bzw. die möglichen Verlustsenkungen untersucht und an verschiedenen Produkten wie Bockwurstpräserven, Würzschinken, Tiefkühlkost usw. demonstriert. Untersuchungen über das Verhalten der Gewürze unter Produktionsbedingungen zeigten, daß auch bei längerer Lagerung kein erneuter Anstieg der Keimzahlen auftritt [10].

Parallel zu den produktbezogenen Arbeiten zur Lebensmittelbestrahlung wurden auch die Grundlagen für die Entwicklung einer geeigneten Bestrahlungstechnologie bearbeitet. Hierbei mußte berücksichtigt werden, daß unterschiedlichste Produkte verschiedener Dichte mit spezifischen Strahlendosen behandelt werden müssen. Dazu wurde die multivalent nutzbare Großbestrahlungsanlage GBS 84 konzipiert. Ein von einem Mikrorechner gesteuertes Transportsystem ermöglicht einen für jeden Container individuell programmierten Durchlauf, so daß die vorgewählte Dosis realisiert und ein kontinuierlicher Produktfluß organisiert wird. Die Kapazität der Anlage liegt bei 15 t Zwiebeln pro Stunde und einer Leistung von 5 kGy · t/h. Neue Berechnungsmethoden zur Bewertung der Dosisleistungsverteilung [11] sowie zur Optimierung von Wirkungsgrad, Durchsatz, Quellenpositionierung, Aktivitätsverteilung, Abstand Quelle/Bestrahlungsgut und Containergröße [12, 13] wurden bei der Planung der Anlage entwickelt und eingesetzt.

Da während der Zeit der Strahlenbehandlung der Zwiebeln an der GBS 84 eine spezielle Förderstrecke benutzt und nur 13,5% der Aktivität eingesetzt wird, ist geplant, die dort nicht genutzten Strahlenquellen in Schüttgutbestrahlungsanlagen des Typs GBZ 81 einzubringen. So wären gleichzeitig in verschiedenen Anbaugebieten dezentral Zwiebelbestrahlungen möglich. Mit der Großbestrahlungsanlage und mehreren Satellitenanlagen ergäbe sich ein System für die Lebensmittelbestrahlung, das den Anforderungen hinsichtlich Flexibilität, dezentralem Einsatz, zeitlich unterschiedlichem Bedarf und hoher Ökonomie gerecht würde.

Eingegangen am 16. 9. 1985

Literatur

[1] Tagungsberichte: ZfI-Mitteilungen Nr. 14, 43a und b, 97 und 98, AdW-ZfI Leipzig

[2] *M. Bär*, Industrial Application of Radiation Techniques in the G.D.R., 8th Meeting of the Nordic Society for Radiation Research and Radiation Technology August 1983 Otaniemi/Finland

[3] *W. Reicherdt*, ZfI-Mitteilungen **100** (1984) 129

[4] *M. Bär* u. a., Neue Museumskunde **1983**, 208
[5] *M. Bär* u. a., Neue Museumskunde **1982**, 202
[6] *R. Döllstädt, Ch. Grahn, J. Reinhardt, H. W. Schulze, H. Sprinz, E. Winkler*, ZfI-Mitteilungen **70** (1983) 178
[7] *H. Dahlhelm, C. Matejko*, ZfI-Mitteilungen **98** (1984) 655
[8] *P. Peters, G. Hübner, D. Nebe, K. H. Zeutschel*, Gartenbau **31** (1984) 259
[9] *D. Weiß, B. Weiß, R. Döllstädt, H. Gübner*, ZfI-Mitteilungen **98** (1984) 648
[10] *R. Thomann, D. Weiß, B. Ziesenitz*, Fleisch **39** (1985) 140
[11] *G. Hübner*, ZfI-Mitteilungen **98** (1984) 578
[12] *M. Remer*, Isotopenpraxis **21** (1985) 247
[13] *E. Winkler*, Isotopenpraxis **22** (1986) 1 u. 7

Isotopenpraxis **22** (1986) 4, S. 121 bis 123

^{32}Si im Niederschlag von Freiberg — Beitrag zur Untersuchung der Anwendbarkeit von ^{32}Si für die Grundwasserdatierung

T. Franke, K. Fröhlich, R. Gellermann, D. Hebert

(Bergakademie Freiberg, Sektion Physik)[1])

Herrn Prof. Dr.-Ing. *Justus Mühlenpfordt* zum 75. Geburtstag gewidmet

Das kosmogene Radionuklid ^{32}Si ist aufgrund seiner Hablwertszeit von (105 ± 18) a für die Grundwasserdatierung von großem Interesse. In dem für die isotopenhydrogeologische Anwendung geeigneten Datierungsbereich von 100 ... 500 Jahren ist der Einsatz der üblicherweise genutzten Radionuklide ^{3}H und ^{14}C unmöglich. Diese Arbeit enthält die Ergebnisse von ^{32}Si-Messungen im Niederschlag von Freiberg 1983.

Because of its half-life of 105 a ^{32}Si has a great potential for dating groundwater in the range of 100—500 years. The utilization of ^{3}H and ^{14}C in this dating range is impossible. The results of ^{32}Si-measurements in precipitation, which are necessary for estimation of the ^{32}Si initial activity of groundwater, are discussed in this paper.

Keywords

atmospheric precipitations; isotope application; isotope dating; low-level-counters; radioisotopes sample preparation;

Einleitung

^{32}Si ist für die Grundwasserdatierung von großem Interesse. Aufgrund seiner Halbwertszeit von 105 a [1, 2] könnte dieses kosmogene Radionuklid in einem Altersbereich von 100 ... 500 a für die isotopenhydrogeologische Anwendung geeignet sein. Gerade in diesem Altersbereich ist die Datierung mit den üblicherweise genutzten Nukliden ^{3}H ($T_{1/2} = 12{,}43$ a) und ^{14}C ($T_{1/2} = 5730$ a) nicht möglich. Das Grundwasseralter wird aus dem Quotienten der Aktivitätskonzentrationen des einsickernden Wassers und der untersuchten Grundwasserprobe ermittelt [3]. Die Kenntnis der ^{32}Si-Anfangskonzentration ist daher eine wesentliche Voraussetzung für die Anwendung von ^{32}Si für die Grundwasserdatierung. Deswegen wurden die im Jahre 1972 im Niederschlag von Freiberg begonnenen ^{32}Si-Messungen [3, 4] in den Jahren 1983 und 1984 durch das Sammeln von Monatsproben fortgesetzt. In dieser Arbeit werden die bisher erhaltenen Ergebnisse vorgestellt.

Meßmethode und Ergebnisse

Die Regenwasserproben wurden in einem Aluminiumbehälter mit einem Fassungsvermögen von ca. 1 m^3 gesammelt. Die chemische Aufbereitung der Proben erfolgte nach dem in Abb. 1 dargestellten Schema. Wegen der relativ geringen SiO_2-Konzentration im Regenwasser ($\lesssim 1$ mg · l^{-1}) wurde den Proben Trägersilikat (ca. 70 g $Na_2SiO_3 \cdot 5\,H_2O$) hinzugefügt. Für die Messung der β^--Umwandlung des Tochternuklides ^{32}P standen zwei Meßplätze zur Verfügung (Tab. 1), die wegen der Reduktion des Höhenstrahl-Nulleffektes in einem Untertagelabor betrieben werden [5].

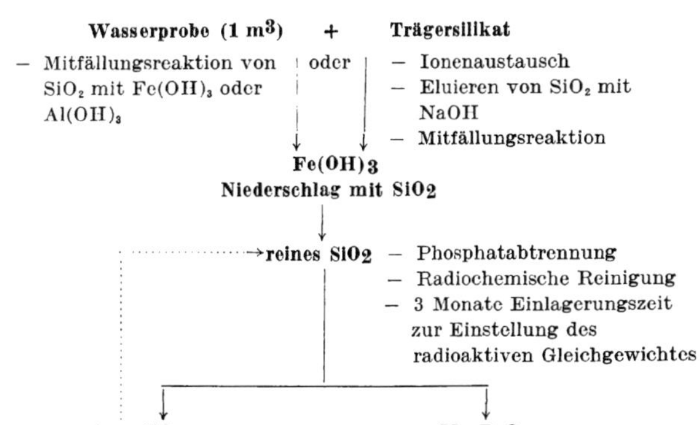

Abb. 1. Schema der Probenchemie für ^{32}Si-Analysen [3, 4]

Tab. 1. Parameter der ^{32}Si-Meßplätze

	Meßplatz I	Meßplatz II
Nulleffekt/ks^{-1}	0,91 ± 0,02	2,00 ± 0,03
^{32}P-Zähleffektivität/%	50,00 ± 0,50	62,00 ± 0,50
Gütefaktor/ks$^{-1/2}$ [1])	0,524	0,438

[1]) Gütefaktor = ^{32}P — Zähleffektivität/(Nulleffekt)$^{1/2}$

[1]) Anschrift: DDR-9200 Freiberg, Bernhard-von-Cotta-Straße 4

Tab. 2. ^{32}Si im Niederschlag von Freiberg

Proben-Nr.	N mm	$C_{Si\text{-}32}$ mBq · m^{-3}	D mBq · m^{-2} a^{-1}
2/83	12,2	1,8 ± 0,4	2,7
3/83	42,7	7,4 ± 2,0	3,7
4/83	122,5	22,2 ± 2,2	24,3
5/83	25,3	13,2 ± 1,3	8,1
6/83	53,4	4,0 ± 0,8	2,0
		3,7 ± 0,6¹)	
7/83	33,3	10,0 ± 1,9	8,7
8/83	217,7	5,8 ± 1,0	13,6
9/83	33,8	2,2 ± 0,3	0,9
10/83	11,7	9,2 ± 2,3	1,3
11/83	1,8	2,7 ± 0,3	0,1
12/83	70,0	3,0 ± 0,4	2,4

N: Niederschlagsmenge während der Sammelperiode
$C_{Si\text{-}32}$: ^{32}Si-Aktivitätskonzentration
D: ^{32}Si-Depositionsrate

¹) Um die Reproduzierbarkeit der ^{32}Si-Messungen zu testen, wurde für diese Probe die ^{32}Si-Abtrennung zweimal durchgeführt.

Die Ergebnisse der ^{32}Si-Untersuchungen der Niederschlagsproben von 1983 sind in Tab. 2 zusammengestellt

Diskussion

Für eine Abschätzung der ^{32}Si-Anfangskonzentration im Grundwasser sind sowohl repräsentative Werte der ^{32}Si-Aktivitätskonzentration im Niederschlag als auch die Kenntnis der atmosphärischen Depositionsrate (Aktivitätskonzentration × Niederschlagsrate) von ^{32}Si notwendig. Aus der ^{32}Si-Depositionsrate kann außerdem die globale atmosphärische Produktionsrate von ^{32}Si (etwa 1,6 Atome × m^{-2} · a^{-1} nach [6]) bestimmt werden.

Bisher lagen 54 Messungen von ^{32}Si im Niederschlag vor [3, 4, 7, 8]. Das Histogramm der Logarithmen der ^{32}Si-Aktivitätskonzentrationswerte beschreibt näherungsweise eine *Gauß*verteilung (Abb. 2). Deshalb wurde für eine Charakterisierung der mittleren jährlichen ^{32}Si-Aktivitätskonzentration im Niederschlag der geometrische Mittelwert verwendet. Aus den in Abb. 2 dargestellten Meßwerten resultiert ein Wert von $\left(5{,}7 \pm \begin{matrix}6{,}1\\3{,}0\end{matrix}\right)$ mBq · m^{-3}.

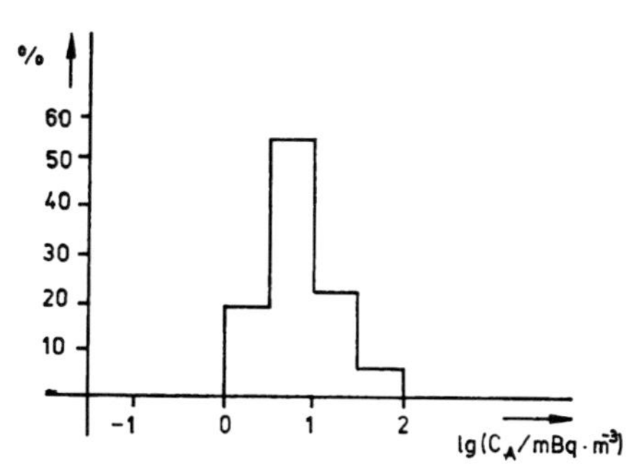

Abb. 2. Histogramm der ^{32}Si-Aktivitätskonzentrationswerte im Niederschlag

Die meisten ^{32}Si-Messungen im Niederschlag stammen vom indischen Subkontinent, der dazugehörige Mittelwert beträgt $\left(4{,}8 \pm \begin{matrix}4{,}0\\2{,}1\end{matrix}\right)$ mBq · m^{-3}. Anfang der 60er Jahre wurde von *Dansgaard* et al. [9] der Einfluß von durch Kernwaffentests erzeugtem ^{32}Si diskutiert. Eliminiert man diese Werte, erhält man für das natürliche Niveau von ^{32}Si im Niederschlag Indiens einen Wert von $\left(3{,}9 \pm \begin{matrix}2{,}3\\1{,}5\end{matrix}\right)$ × mBq · m^{-3}.

Aus den Meßergebnissen von *Dansgaard* [8] folgt für Niederschläge in Dänemark ein Wert von $\left(15{,}7 \pm \begin{matrix}11{,}7\\6{,}9\end{matrix}\right)$ × mBq · m^{-3} in der Periode von 1964–1965 und 3,8 mBq × m^{-3} im Winter 1962. Unter Vernachlässigung der Bombenbeiträge erhielt *Dansgaard* [9] einen Wert von 5,2 mBq × m^{-3} für das natürliche Niveau der ^{32}Si-Aktivitätskonzentration im Niederschlag Dänemarks.

Wie aus Tab. 2 ersichtlich, überstreicht der Beprobungszeitraum im Jahre 1983 293 Tage. Die Summe der gesammelten Niederschläge (624,4 mm) entspricht 80% der insgesamt gefallenen Niederschläge in diesem Jahr (780 mm).

Der geometrische Mittelwert der in Tab. 2 zusammengestellten ^{32}Si-Aktivitätskonzentrationen beträgt $\left(5{,}5 \pm \begin{matrix}6{,}8\\3{,}0\end{matrix}\right)$ × mBq · m^{-3}, die entsprechende ^{32}Si-Depositionsrate ist mit $\left(2{,}9 \pm \begin{matrix}10{,}2\\2{,}3\end{matrix}\right)$ mBq · m^{-2} a^{-1} in guter Übereinstimmung mit dem von *Dansgaard* [9] (3,2 mBq · m^{-2} a^{-1}) angegebenen Wert. Aus den Ergebnissen von früheren ^{32}Si-Messungen im Niederschlag Freibergs im Zeitraum von 1972 bis 1980 (Tab. 3) ergibt sich ein Wert für die mittlere ^{32}Si-Aktivitätskonzentration von $\left(4{,}4 \pm \begin{matrix}2{,}8\\1{,}7\end{matrix}\right)$ mBq · m^{-3}.

Tab. 3. Jahreszeitliche Variation der ^{32}Si-Aktivitätskonzentration

Proben-Nr.	Sommer		Proben-Nr.	Winter	
Jahr	$C_{Si\text{-}32}$ mBq · m^{-3}	$a_{^3H}$ T.E.	Jahr	$C_{Si\text{-}32}$ mBq · m^{-3}	$a_{^3H}$ T.E.
1972	4,0 ± 0,7	131 ± 44¹)	1972	2,2 ± 0,5	80 ± 17
1973	5,7 ± 1,2	98 ± 30		–	90 ± 15
1974	5,8 ± 0,8	132 ± 65	1974	2,0 ± 0,2	74 ± 20
1978	7,2 ± 0,7	107 ± 19		–	49 ± 13
1979	6,5 ± 0,5	76 ± 19		–	40 ± 11
1980	–	51 ± 20	1980	5,2 ± 1,2	35 ± 5
3/83	7,4 ± 2,0	24 ± 4²)	2/83	1,8 ± 0,4	20 ±
4/83	22,2 ± 2,2	24 ± 4	9/83	2,2 ± 0,3	n. b.
5/83	13,2 ± 1,3	33 ± 2	10/83	9,2 ± 2,3	37 ± 4
6/83	3,8 ± 0,5	36 ± 4	11/83	2,7 ± 0,3	17 ± 2
7/83	10,0 ± 1,9	51 ± 3	12/83	3,0 ± 0,4	36 ± 4
8/83	5,8 ± 1,0	32 ± 2			

¹) Streuung der Monatswerte
²) Meßfehler

In Abb. 3 sind alle bisherigen ^{32}Si-Messungen an Niederschlagsproben zusammenfassend dargestellt.

Im Gesamtergebnis der Untersuchungen und der vorliegenden Meßwerte kann für Mitteleuropa ein Mittelwert von 5 mBq · m^{-3} für die ^{32}Si-Aktivitätskonzentration im Niederschlag und 3 mBq · m^{-2} a^{-1} für die ^{32}Si-Depositionsrate abgeleitet werden.

Betrachtet man die jahreszeitlichen Variationen der ^{32}Si-Aktivitätskonzentrationswerte im Freiberger Niederschlag, so läßt sich festellen, daß die ^{32}Si-Aktivität der Sommerniederschläge in den beobachteten Jahren im Mittel um den Faktor 2,2 (mit einer Streuung von ±0,6) größer als die ^{32}Si-Aktivität der dazugehörigen Winterniederschläge ist. Für die spezifischen Tritium-Aktivitäten ergibt sich für den gleichen Zeitraum ein Verhältnis der Sommer- und Winter-Meßwerte Freibergs von 1,7 mit einer Streuung von 0,3.

Nach dem von *Lal* und *Rama* [10] angegebenen Modell des stratosphärisch-troposphärischen Luftaustausches in

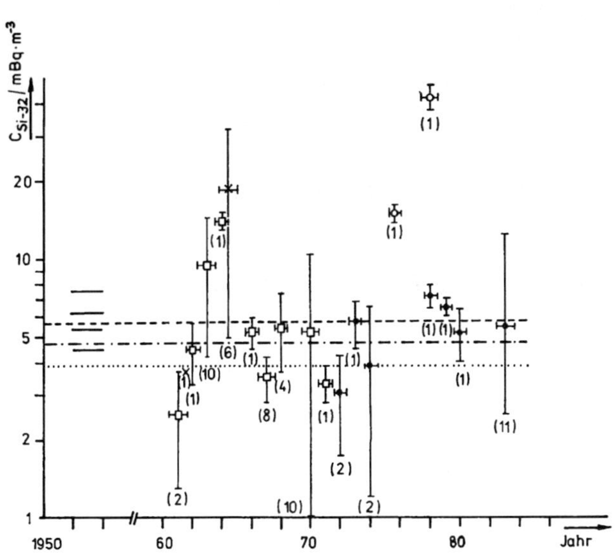

Abb. 3. ^{32}Si-Niederschlagsmessungen an verschiedenen Sammelstationen

□ – Indien (0 – 30°-Breitengürtel) (38); ○ – Antarktis (2); ● – Freiberg (19); × – Glostrup (7) – in Klammern: Anzahl der Meßwerte

- - - - - – Mittelwert aller bisherigen ^{32}Si-Messungen; · – · – · – Mittelwert aller bisherigen ^{32}Si-Messungen in Indien; · · · · · · – Mittelwert aller bisherigen ^{32}Si-Messungen in Indien ohne Bombenbeiträge; ——— – natürliches Niveau (30° – 90°-Breitengürtel) vor den Kernwaffenversuchen

der 30° – 90°-Breitenzone liegt dieses Verhältnis zwischen 1 und 2.

Im Mittel über den beobachteten Zeitraum stimmen also die Sommer/Winter-Verhältnisse der Tritium- und ^{32}Si-Meßwerte im Rahmen der Meßfehler und Streuungen überein. Das bedeutet möglicherweise, daß der Übergang von der Stratosphäre zur Troposphäre bei beiden Nukliden physikalisch in ähnlicher Weise abläuft.

Eingegangen am 9. 9. 1985

Literatur

[1] *D. Elmore, N. Anantaraman, H. W. Fullbright, H. E. Gove, H. S. Hans, K. Nishiizumi, M. T. Murell, M. Honda,* Half-life of ^{32}Si from Tandem-Accelerator Mass Spectrometry, Phys. Rev. Letters **45** (1980) 589

[2] *W. Kutschera, W. Henning, M. Paul, R. K. Smither, E. J. Stephenson, J. L. Yntema, D. E. Alburger, J. B. Cumming, G. Harbottle,* Measurement of the ^{32}Si half-life via Accelerator-Mass Spectrometry, Phys. Rev. Letters **45** (1980) 592

[3] *R. Kater,* Entwicklung eines Verfahrens zur Messung natürlicher ^{32}Si-Aktivitäten und Aspekte seiner Anwendung in der hydrogeologischen Forschung, Dissertation, Bergakademie Freiberg, 1975

[4] *U. Koch,* unveröffentlichte Ergebnisse

[5] *D. Hebert, T. Franke, K. Fröhlich, R. Gellermann,* Preliminary results of an underground laboratory near Freiberg (in Vorbereitung)

[6] *D. Lal, B. Peters,* Cosmic ray produced radioactivity on the earth. In: Handbuch der Physik, Bd. XLVI/2, Springerverlag 1967, S. 551

[7] *D. Lal, V. N. Nijampurkar, G. Rajagopalan, B. L. K. Somayajulu,* Proc. Indian Acad. Sci. 88 **A** (1979) II/1., p. 29

[8] *W. Dansgaard, H. B. Claussen, A. Aarkrog,* Tellus **18** (1966) 187

[9] *W. Dansgaard, H. B. Claussen, A. Aarkrog,* Journal of Geophysical Research **71** (1966) 5474

[10] *D. Lal, S. Rama,* Journal of Geophysical Research **71** (1966) 2865

Isotopenpraxis 22 (1986) 4, S. 123

Buchbesprechung

atw-Kernenergie-Adreßbuch für die Bundesrepublik Deutschland

Hrsg.: W. D. Müller u. R. Hossner. 4. Ausgabe, Düsseldorf: Verlagsgruppe Handelsblatt 1985. 250 S. (in Deutsch und Englisch); geb. DM 68.–

Fünf Jahre nach dem Erscheinen der 3. Ausgabe liegt eine neue Ausgabe des seit 1974 bewährten Adreßbuches vor. Beibehalten wurde die grundsätzliche Einteilung des Nachschlagewerkes in drei Teile: Kernenergie-Adressen in der Bundesrepublik Deutschland (Staatliche Stellen, Forschungseinrichtungen, Energiewirtschaft, Kernenergie-Stellen im Ausland), Namen (Wer ist Wer für das Kernenergiegebiet in der Bundesrepublik Deutschland) und Bezugsquellenverzeichnis der Nuklearindustrie (kerntechnische Erzeugnisse und Dienstleistungen, alphabetische Register der Liefer- und Dienstleistungsgruppen in Deutsch und Englisch sowie Firmenverzeichnis). Ein bloßer zahlenmäßiger Vergleich der in diese Teile aufgenommenen Eintragungen mit denen der vorangegangenen Ausgabe (in Klammern) würde den Fortschritt nur unzureichend zeigen: Kernenergie-Adressen 486 (475), Namen ca. 1200 (1164), Liefer- und Dienstleistungsgruppen mehr als 600 (ca. 550) und Firmen 371 (417). Deshalb sei darauf hingewiesen, daß die Mehrzahl der Eintragungen Aktualisierungen, Erweiterungen oder Ergänzungen aufweist und sich insbesondere in den Namen- und Firmenverzeichnissen die Dynamik des Wirtschaftszweiges Kernenergie widerspiegelt.

Der Begriff Kernenergie schließt hier Kernforschung und Kerntechnik ein. So enthält das Bezugsquellenverzeichnis der Nuklearindustrie u. a. die Hauptgruppen Strahlenschutz- und Labortechnik; Strahlen- und Strahlenschutzmeßtechnik; Radioisotope, Bestrahlungsanlagen, Beschleuniger, letztere mit den Untergruppen Radioisotope und Strahlenquellen; Isotopen-Bestrahlungsanlagen; Geräte, Einrichtungen für Radioisotopenanwendung; Beschleuniger und Zubehör; Dienstleistungen, Isotopeneinsatz und Bestrahlungen. Durch Veränderungen in der typographischen Gestaltung aller drei Teile des Adreßbuches wurden die Seiten noch übersichtlicher und besser lesbar. Das ist besonders augenfällig bei dem computererzeugten Verzeichnis der kerntechnischen Erzeugnisse und Dienstleistungen.

Die Bezeichnung der internationalen Organisationen und Verbände (Kapitel D 5) erfolgt nunmehr zweckmäßigerweise durchgängig in Deutsch und fremdsprachig.

Insgesamt ist dieses umfangreiche Verzeichnis ein wertvolles Nachschlagewerk für kaufmännische, technische und wissenschaftliche Experten des Fachgebietes. Daher sollte der Zeitraum bis zum Erscheinen der nächsten Ausgabe möglichst verringert werden. *D. Plötner*

Isotopenpraxis 22 (1986) 4, S. 124 bis 127

^{15}N Tracer Methodology for Absorption Studies in Nutrition Research

H. Faust

(Academy of Sciences of the GDR, Central Institute for Isotope and Radiation Research, Leipzig)[1])

Dedicated to Prof. Dr.-Ing. *Justus Mühlenpfordt* on the occasion of his 75th birthday

The stable nitrogen isotope ^{15}N is being increasingly used in life sciences. Problems of following the course of nitrogen in digestion/absorption studies of nutrients, their intermediary metabolism and dynamic behaviour can be readily dealt with using nitrogen-15. The object of this paper is to discuss some aspects of the isotope analysis of ^{15}N, useful tracer techniques, and theoretical considerations. It is shown that nitrogen balance is a valuable concept for expressing the relationship between the overall nitrogen intake of the body and its nitrogen losses. However, a mere summary of total exchange gives little information of any particular metabolic processes within the body unless these are reflected in the total nitrogen exchange. Feeding trace doses of ^{15}N labelled substances like proteins and amino acids the kinetics of digestion and absorption is indicated by a measurable change of the ^{15}N abundance in serum and urinary nitrogen compounds, i.e. by a significant delay in nitrogen absorption in patients with gastrointestinal diseases.

Das stabile Isotop ^{15}N wird in zunehmendem Maße in den Biowissenschaften angewendet. Probleme der Verfolgung des Stickstoffs bei der Verdauung/Resorption von Nährstoffen, ihr Intermediärstoffwechsel und ihr dynamisches Verhalten können unter Anwendung des ^{15}N bearbeitet werden. Die vorgelegte Arbeit behandelt Gesichtspunkte der Isotopenanalyse des ^{15}N, den Einsatz als Tracer und einige theoretische Betrachtungen. Es wird gezeigt, daß die Stickstoffbilanz einen wertvollem Ansatz zur Beschreibung der Beziehungen zwischen der Gesamt-N-Aufnahme durch den Körper und der N-Ausscheidung darstellt. Trotzdem liefert eine Bilanzierung des Gesamt-N-Stoffwechsels nur geringe Hinweise über spezielle Stoffwechselprozesse im Körper, wenn sie nur den Gesamt-N-Austausch betrifft. Bei Verabreichung gegeringer Mengen an ^{15}N-markierten Verbindungen wie den Proteinen oder den Aminosäuren kann die Kinetik der Verdauung und Resorption durch die meßbaren Änderungen der ^{15}N-Häufigkeit im Serum und in N-haltigen Verbindungen im Harn verfolgt werden d. h., eine signifikante Verzögerung der N-Resorption liefert Hinweise auf Erkankungen des Verdauungsapparates.

Keywords

absorption; nitrogen 15; nutrition; reviews; stable isotopes; tracer techniques

Introduction

Methods for studying the absorption of digestive products have been discsussed in several recent reviews [1–5].

Summarizing these results it was shown by many authors that during the absorptive phase there is a measurable increase in alpha-amino nitrogen and amino acid level in the blood but one could not find a direct relationship between the dietary and blood amino acids. The reasons for this discrepancy could be the endogeneous part of N, different rates of intestinal transport, metabolic conversions, special mechanisms for individual amino acids. Nevertheless, these methods were widely applied in both animal experiments and clinical investigations.

In addition, before the era of isotope application as a modern direct method, investigations of absorption were largely based on nitrogen balance studies by subtracting the fecal nitrogen loss from the nitrogen intake.

Isotopic labelling with the stable nitrogen isotope ^{15}N is one of direct method which has been used by several authors in their absorption studies [6–8] and there are sufficient reasons from animal studies to assume that amino acids labelled with ^{15}N instead of ^{14}C should be preferred in studies on the absorption of amino acids [9].

[1]) Address: DDR-7050 Leipzig, Permoserstr. 15

Analytical methods for stable isotope analysis

Considerable progress has been made in the techniques used to measure stable isotope abundance in biological samples in the last years. The most important methods are shown in Tab. 1.

Tab. 1. Stable isotope analysis in biological samples

1. Refractive index
2. Density
3. Activation analysis
4. IR absorption spectroscopy
5. NMR spectroscopy
6. Optical emission spectrometry
7. Mass spectrometry

Concerning the stable nitrogen isotope ^{15}N two methods, the mass and emission spectrometry, are now very common in clinical studies. Mass spectrometry has been the most widely employed stable isotope analytical technique for measuring the abundance of ^{15}N or other stable isotopes in biological material. Emission spectrometry, specialized to the analysis of ^{15}N abundance, was exclusively used in our studies. The relatively low instrumentation cost has made this technique attractive in nutrition and metabolism studies.

One of the major problems in routine experiments are the sample size requirement and the time consuming pre-

Tab. 2. Mass and emission spectrometric measurement of ^{15}N

Method	Nitrogen required, µg	Minimum detectable ^{15}N, atom %
Isotope ratio mass spectrometry	50	0·0001
IRM-GCMS	5	0·01
SIM-GCMS	0·1	0·1
Emission spectrometry (NOI-6)	10	0·01

paration procedures. These diadvantages have been overcome to some extent by the development of the automatized ^{15}N analyzer system NOI-6. In Tab. 2 is shown that for emission spectrometry sample size requirement of 10 µg nitrogen and minimum detectable ^{15}N excess abundance of 0·01 is within the quality parameters of modern mass spectrometers (isotope ratio monitoring or selected isotope monitoring gas chromatography — mass spectrometry).

Tracer techniques

The high potential of labelling biological relevant compounds in different positions and/or with different isotopes is shown in Tab. 3.

Tab. 3. ^{15}N tracer techniques in absorption studies using labelling in different positions of molecules

N-containing groups of molecules (α-amino, ε-amino)
Isomers (L-, D-form)
Individual molecules (different amino acids)
Peptides
Proteins
and with different isotopes
Double or multiple labelling with ^{15}N, ^{13}C, ^{14}C, D, ^{3}H, ^{18}O, ...

Tab. 4. Stable isotope labelled compounds

	Number of different compounds	
Amino acids	^{15}N	other
Glycine*)	3	6
Alanine	5	19
Leucine	4	8
Lysine	5	9

*) $H_2\mathbf{N}CH_2COOH$ $H_2NCH_2\mathbf{C}OOH$ $H_2NC\mathbf{D_2}COOH$
$H_2\mathbf{NC}H_2COOH$ $H_2N\mathbf{C}H_2COOH$ $\mathbf{D_2}HC\mathbf{D_2}COO\mathbf{D}$
$H_2\mathbf{N}CH_2\mathbf{C}OOH$ H_2NCH_2COOH H_2NCH_2COOH

The splitting of a molecule or the metabolic pathway was investigated by labelling different groups of molecules or isomeric compounds. Most of the L-amino acids are absorbed by active transport, which occurs more rapidly than the absorption of D-amino acids which occurs by passive diffusion. Di- and tripeptides also enter the absorptive cells by active transport, and their rate of uptake may be even faster than that of free amino acids.

The technique of double or multiple labelling with different isotopes offers many new possibilities to follow the absorption and metabolism of nutrients. Tab. 4 demonstrates as an example the number of different labelled compounds of individual amino acids which are commercially available.

In connection with the chemical methods needed for isolating ^{15}N labelled substances during the absorptive phase reference is made to our "Catalogue of ^{15}N Methods" [10].

Experimental techniques

The clinical and physiological requirement for more detailed absorption studies has long been recognized, and extensive effort has been made in improving the different technique of administration of substances. In addition to the more classical routes (oral, intragastral administration, intubation) the combination of surgical methods with tracer techniques using laboratory animals resulted in new procedures like the fistula technique or the use of re-entrant cannulae [11, 12]. However, these techniques are only mentioned here to complete the review.

Model of protein metabolism

In Fig. 1 is shown a model of protein metabolism in which the different arrows represent the nitrogen flux and the circles the different sizes of the compartments. It is known from numerous investigations that the metabolic pool is relatively small but very active (high rate of turnover). Furthermore, the urinary nitrogen or in other words the excretion pool is directly connected with the metabolic pool.

On the basis of this considerations one can make some postulates for absorption studies:

1. amino acids should be detected immediately after absorption in the non-protein nitrogen fraction of the serum
2. the tracer should be detected with negligible time delay in the urinary nitrogen

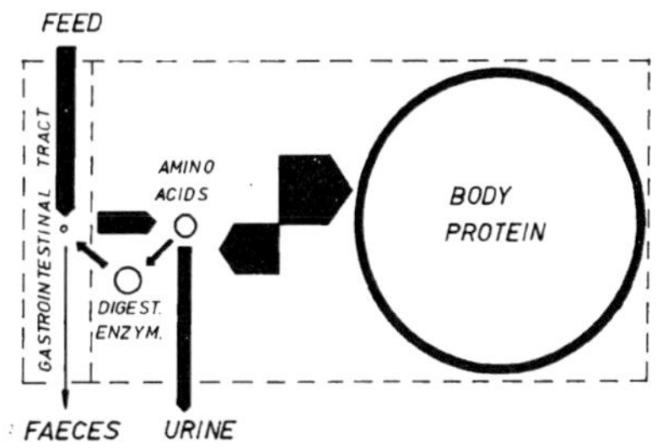

Fig. 1. Simplified model of protein metabolism

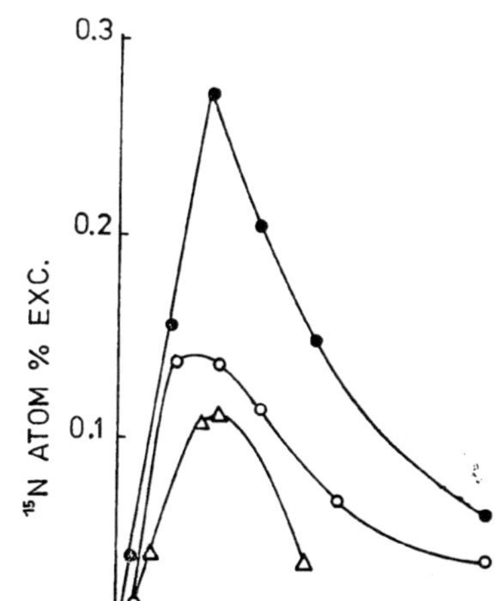

Fig. 2. ^{15}N abundance after feeding ^{15}N-labelled yeast protein to a normal subject

● — urinary ammonia, venous plasma amino acids with (○) and without (Δ) water load
(reproduced from *Crane* 1960)

3. the kinetics of absorption using ^{15}N labelled compounds may be investigated by determining the isotope peak maximum and the time course of labelling.

The agreement concerning the isotope peak maximum between venous plasma amino acids and urinary ammonia after feeding yeast protein to a normal subject was firstly reported by *Crane* (1960) [13] and is illustrated in Fig. 2.

Experimental results

The following figures confirm the prediction that after an oral administration of [^{15}N]glycine to healthy persons the labelling in serum residual nitrogen is detectable within a relative short time after the intake (Fig. 3).

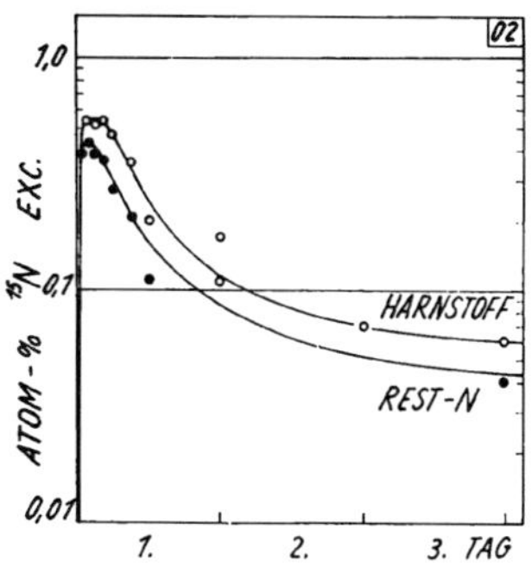

Fig. 3. Appearance of ^{15}N in serum after oral application of [^{15}N]glycine

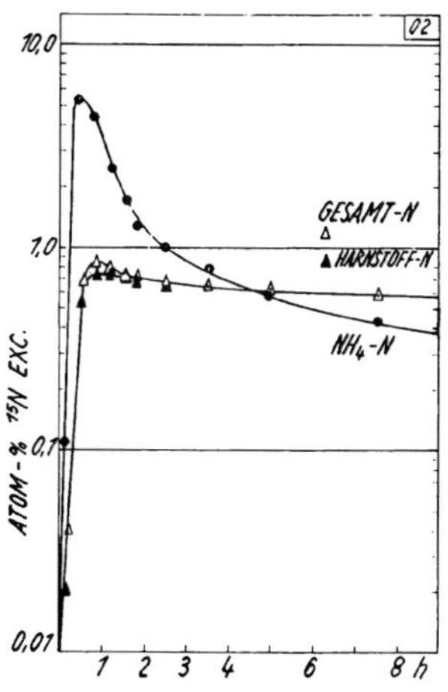

Fig. 4. Renal elimination of ^{15}N after oral administration of [^{15}N]glycine

The very rapid rate of intestinal amino acid absorption is also evident from the fact that after feeding [^{15}N]glycine to normal subjects the label appears with very small time delay in the urinary nitrogen (Fig. 4). However, a fractionation of the total nitrogen in individual components like ammonia or urea has shown interesting differences. The isotope peak maximum appeared between 30 and 60 minutes after ingestion in the urinary ammonia but not in the urea nitrogen.

At approximately the same time the isotope peak maximum appeared in the urinary amino acid fraction and in the hippuric acid (Fig. 5). Obviously, not the urea but these fractions reflect the intestinal absorption of amino acids and proteins in an adequate manner.

However, the appearance of the label in certain fractions in urine is the result of a series of reactions after the actual

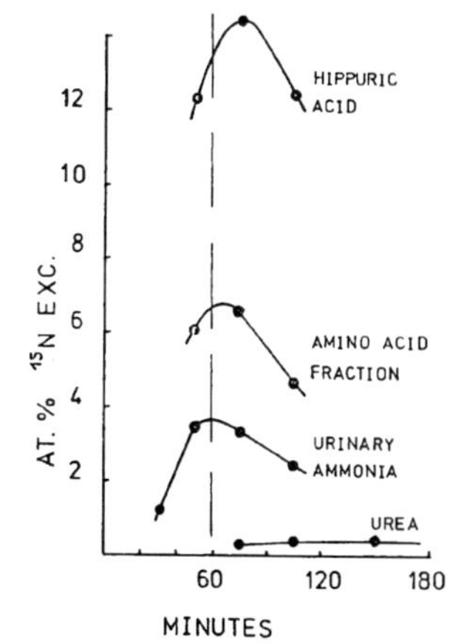

Fig. 5. Appearance of ^{15}N in urinary nitrogen compounds after oral [^{15}N]glycine administration

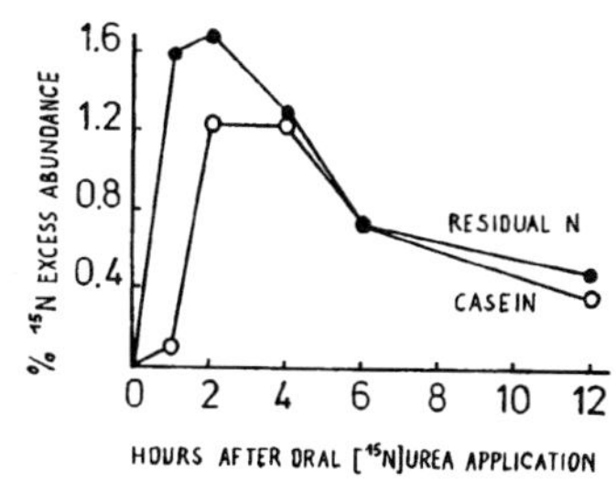

Fig. 6. Incorporation of ^{15}N into amide nitrogen of milk constituents

absorption indicating that the difference in peak height is the result of a difference in the rates of ammonium formation from different amino acids, rather than of a difference in their rates of absorption from the alimentary tract. This was clearly demonstrated by *Wu* in 1959 [14, 15] showing the ^{15}N excess abundance of urinary ammonia following oral adminstration of ^{15}N-labelled amino acids and ammonium citrate. Original data have been reduced to the same level of dosage and body weight. Data so obtained and calculated have been found to be in agreement for different experiments with the same amino acids.

The data presented allow the conclusion that the ^{15}N labelling in the urinary ammonia may be used as a general indicator of amino acid or protein absorption, but neither the peak height nor the shape of the curve can be used as a direct quantitative measure to determine the utilization or retention of amino acids or proteins.

Besides that it is remarkable that the appaerance of the ^{15}N label in the amide nitrogen of the milk protein of lactating cows is urprisingly fast, demonstrating the high turnover of nitrogen and the fast utilization of absorbed nitrogen for milk protein synthesis in the mammary gland (Fig. 6) [16].

Factors influencing the [^{15}N]glycine absorption

In some of our studies we observed remarkable deviations from the normal absorption process.

Twelve hours after surgical operation the patient had an extremely protracted time of both maximum absorption and excretion of the isotope in the urine (Fig. 7) [17].

In contrast to this situation we observed in patients with dumping syndrome an earlier appearance of the isotope peak maximum than under normal conditions (Fig. 8).

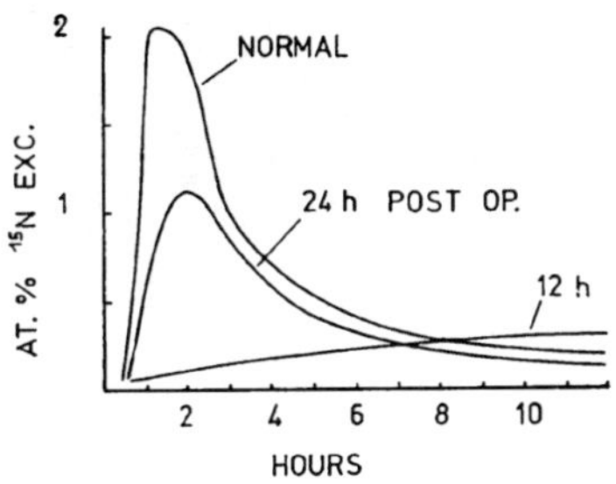

Fig. 7. Protracted absorption after surgical operation

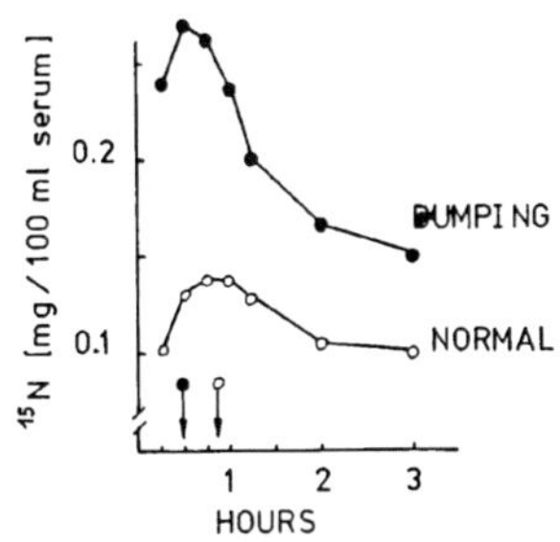

Fig. 8. Premature appearance of ^{15}N from glycine in patients with dumping syndrome

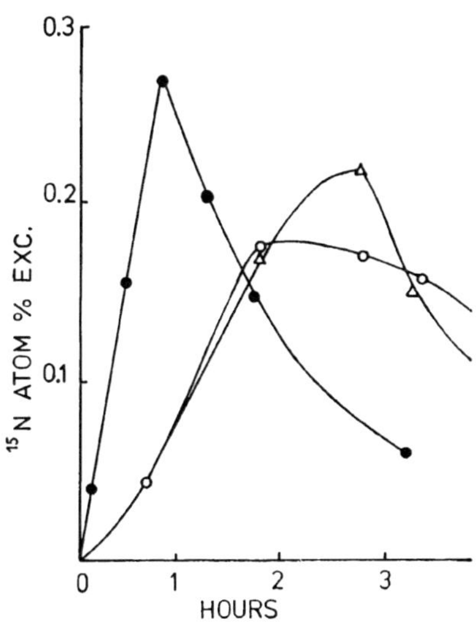

Fig. 9. ^{15}N abundance after feeding ^{15}N labelled yeast protein in urinary ammonia

● – normal subject, ○ Δ – patients with coeliac disease)
(reproduced from *Crane* 1960)

The clinical importance of these results has already been discussed by *Czarnetzki* [18].

Additional factors which influences the absorption are digestion time, protein quality, fat and carbohydrate content of the diet, gastric emptying and gastrointestinal diseases.

Two experimental results from *Crane* [13] underline these remarks that is a comparison between feeding yeast protein or a hydrolysate and the influence of coeliac disease on the digestion and absorption of yeast protein (Fig. 9).

Concluding remarks

The application of ^{15}N labelled amino acids or proteins for absorption studies has many aspects. From the more practical point of view we recommend the urinary ammonia method as a noninvasive, simple, and direct method for clinical studies which is repeatable after a few days. Of course, the administered labelled amino acid has to be given in a sufficiently small quantity, so that the normal metabolism of this compound is unaltered. Then the living organism will metabolize the labelled amino acids in the same way as the unlabelled amino acids.

It has already been mentioned that the exact rate of absorption, the rate of utilization or the retention can only be calculated using additional tracer and chemical data and/or mathematical methods for its interpretation. The construction of compartment models has been shown to be very useful for this purpose [19, 20].

Received September 18, 1985

References

[1] *R. M. Glickman, T. A. Brasitus,* Gastroenterol. Ann. **1** (1983) 127

[2] *C. J. C. Roberts,* Gastrointstinal Disease. Berlin (West): Springer-Verlag 1983, 236 p.

[3] *C. Giller,* Protein digestion and absorption in nonruminants. In: *H. N. Munro, J. B. Allison,* Mammalian Protein Metabolism. New York: Academic Press 1964, Vol. 1, 35

[4] *R. F. Beers, E. G. Bassett,* Nutritional Factors: Modulating Effects on Metabolic Processes. New York: Raven 1980/1981, 568 p.

[5] *A. G. Low,* J. Sci. Food Agric. **31** (1980) 1087

[6] *R. J. Shulman, B. L. Nichols,* J. Pediat. Gastroenterol. Nutrit. **2** (1983) 233

[7] *K. Krawielitzki, R. Schadereit, J. Wünsche,* Arch. Tierernährung **33** (1983) 731

[8] *V. R. Young, D. M. Bier,* Stable isotopes (^{13}C and ^{15}N) in the study of human protein and amino acid metabolism and requirements. In: *R. F. Beers, E. G. Bassett,* Nutritional Factors: Modulating Effects on Metabolic Processes. New York: Raven 1980/1981

[9] *U. Bergner, K. Adam, H. Bergner,* Arch. Tierernährung **31** (1981) 447

[10] *H. Faust, H. Bornhak, K. Hirschberg, K. Jung, P. Junghans, P. Krumbiegel, R. Reinhardt,* Klinisch-chemische und isotopenanalytische Methoden zur Untersuchung des Stickstoff-Stoffwechsels mit ^{15}N beim Menschen, Methodenkatalog. ZfI-Mitt. 1981, Nr. 36

[11] *W. B. Souffrant, R. Koehler, G. Gebhardt,* Arch. Tierernährung **31** (1981) 35

[12] *W. B. Souffrant, R. Koehler, G. Gebhardt,* Arch. Tierernährung **31** (1981) 609

[13] *C. W. Crane, A. Neuberger,* Brit. Med. J. **17** (1960) 815

[14] *H. Wu, C. W. Bishop,* J. Appl. Physiol. **14** (1959) 1

[15] *H. Wu, J. Sendory,* J. Appl. Physiol. **14** (1959) 6

[16] *H. Faust, H. Mielke, H. Richter, H. Gürtler,* Arch. Tierernährung **16** (1966) 375

[17] *G. Heil,* Untersuchungen mit dem stabilen Isotop ^{15}N zur Aminosäureresorption und zum Eiweißstoffwechsel in der unmittelbaren postoperativen Phase bei Cholecystektomierten. Dissertation, Karl-Marx-Universität Leipzig 1981

[18] *H. D. Czarnetzki, H. Faust,* The absorption of amino acids in dependence of absorption area and intestinal transit time – studied with [^{15}N]glycine. Symposium on Intestinal Digestion and Absorption of Nutrients. Leipzig, May 2–4, 1984

[19] *P. Junghans, B. Wagner, A. Nickel, R. Matkowitz,* ZfI-Mitt. 1983, Nr. 77, 98

[20] *P. Junghans,* ZfI-Mitt. 1984, Nr. 88, 85

Isotopenpraxis 22 (1986) 4, S. 128 bis 130

Der ^{18}O-Index — ein Beitrag zur Geochemie der Silikate

H. Schütze

(Zentralinstitut für Isotopen- und Strahlenforschung der AdW der DDR, Leipzig)[1])

Herrn Prof. Dr.-Ing. *Justus Mühlenpfordt* zum 75. Geburtstag gewidmet

Der ^{18}O-Index eines silikatischen Minerals oder eines silikatischen Gesteins kennzeichnet das relative Aufnahmevermögen für das seltene Nuklid ^{18}O. Dieser Index ist für jede silikatische Verbindung exakt bestimmbar, sofern deren chemische Zusammensetzung und die Koordinationsverhältnisse im Kristall bekannt sind. Liegt bei silikatischen Gesteinen keine Mineralanalyse vor, so führt eine Näherung von der Kenntnis der chemischen Zusammensetzung zum ^{18}O-Index des Gesteins. Per definitionem beträgt der ^{18}O-Index für Quarz = 1,000; für alle anderen Silikate ist er kleiner. Die Zunahme des ^{18}O-Index', z.B. in einer Schmelze im Verlauf deren Kristallisation, bedeutet eine Erhöhung des kovalenten Anteils an den vom Sauerstoff betätigten Bindungen. Darin widerspiegelt sich neben der zunehmenden Anreicherung von ^{18}O auch die Kristallisationsabfolge der verschiedenen Silikate aus der Schmelze. In der vorliegenden Arbeit werden der Formalismus zur Berechnung des ^{18}O-Index beschrieben und Näherungen für die Temperaturabhängigkeit des Isotopieeffekts beim Sauerstoffisotopenaustausch innerhalb des Silikatsystems (einschließlich Wasser) angegeben.

A method is described for approximate evaluation of thermodynamic oxygen isotope fractionations between different paragenetic silicates or between silicate and water, respectively. The evaluation uses a newly introduced ^{18}O index. It can be calculated for any silicate by means of isotopic increments of the different oxygen bonds within the silicate. Multiplying the ^{18}O index of any silicate by the expression $\ln \beta_{\text{Quartz}}(T)$ gives an adequate expression of the corresponding silicate and opens the possibility to calculate approximately isotope fractionations in dependence on the temperature.

Keywords

crystal structure; geochemistry; geology; igneous rocks; isotope effects; isotope ratio; models; oxygen 18; silicates; stable isotopes; thermodynamics

Der Sauerstoff besteht in seinem natürlichen Vorkommen aus den drei stabilen Isotopen ^{16}O (99,76 Atom-%), ^{17}O (0,04 Atom-%) und ^{18}O (0,20 Atom-%). Bei isotopengeochemischen Untersuchungen spielt vor allem das Verhältnis ^{18}O:^{16}O in Mineralen, Gesteinen und natürlichen Wässern eine Rolle. Das massenspektrometrische Meßergebnis wird als Abweichung dieses Verhältnisses gegenüber dem in einem Standard in ‰ angegeben:

$$\delta^{18}\mathrm{O} = \left[\frac{(^{18}\mathrm{O}/^{16}\mathrm{O})_{\mathrm{Probe}}}{(^{18}\mathrm{O}/^{16}\mathrm{O})_{\mathrm{SMOW}}} - 1\right] 1000\,‰ \tag{1}$$

SMOW: Standard Mean Ocean Water (δ^{18}O = ±0‰).

Wie viele experimentelle Untersuchungen gezeigt haben, vermögen verschiedene Silikate das Sauerstoffisotop ^{18}O in unterschiedlichem Ausmaß anzureichern. Diese Anreicherung ist bei einer bestimmten Temperatur abhängig von dem Bindungstyp des Sauerstoffs im Kristall [1]. Dabei spielen die Massen der Bindungspartner, deren Abstand und räumliche Anordnung bezüglich des Sauerstoffs eine wichtige Rolle [2, 3].

Bei den vorliegenden Betrachtungen hinsichtlich des isotopischen Verhaltens von Sauerstoff in Silikaten wird davon ausgegangen, daß jede Bindung O—Me zwischen dem Sauerstoff und einem beliebigen Metallion (Me) einen Beitrag zum β-Faktor (thermodynamischer Isotopiefaktor) [4] des „Gesamtmoleküls" liefert, welcher näherungsweise berechenbar ist. Dieser Beitrag wird als ^{18}O-Inkrement der Bindung O—Me bezeichnet und ergibt sich aus dem Produkt des Sauerstoffisotopieeffektes bezüglich der Schwingungsfrequenz O → Me für den Fall, daß die Schwingungspartner als ideale Gase vorliegen, und einem Ausdruck, welcher die wahren Bindungsverhältnisse im Kristall widerspiegelt.

Für das ^{18}O-Inkrement der Bindung O—Me mit der Koordinationszahl n des Metallions gegenüber dem Sauerstoff gilt demnach

$$i_{\mathrm{O-Me(n)}} = \varepsilon_{\mathrm{O\to Me}} \cdot C_{\mathrm{O-Me(n)}} \cdot L_{\mathrm{K}} \tag{2}$$

Unter der Annahme, daß sich die Kraftkonstante der Schwingung O → Me bei der Isotopensubstitution nicht ändert, ergibt sich der Isotopieffekt $\varepsilon_{\mathrm{O\to Me}}$ der Schwingungsfrequenz als der um 1 verminderte Quotient aus der Quadratwurzel der reduzierten Massen

$$\varepsilon_{\mathrm{O\to Me}} = \sqrt{\frac{18}{16}\cdot\frac{16 + m_{\mathrm{Me}}}{18 + m_{\mathrm{Me}}}} - 1 \tag{3}$$

m_{Me} ist die relative Atommasse des Metallions und 16 bzw. 18 sind die relativen Atommassen der Nuklide ^{16}O bzw. ^{18}O.

Die Größe $C_{\mathrm{O-Me(n)}}$ stellt die auf den Bindungsabstand (in Å) bezogene Bindungsstärke dar:

$$C_{\mathrm{O\to Me(n)}} = \frac{W_{\mathrm{Me}}}{n\sqrt[8]{\frac{n}{6}}\,(r + r_{\mathrm{Me}})}\,; \qquad \left[\frac{1}{C_{\mathrm{O-Me(n)}}}\right] = \text{Å} \tag{4}$$

Die Größe W_{Me} gibt die elektrische Ladung des Kations an. Die Gitterradien r_{O} (Sauerstoff) und r_{Me} (Kation) werden der von *Pauling* [5] für die Koordinationszahl 6 be-

[1]) Anschrift: DDR-7050 Leipzig, Permoserstr. 15

rechneten Tabelle entnommen. Die Umrechnung auf eine andere Koordinationszahl erfolgt durch den Wurzelausdruck in Gleichung (4). Angaben über die Koordinationszahl n sind in der Literatur zu finden [6]. L_K ist eine dimensionslose Konstante, welche bei strukturbildenden Kationen Eins ist und bei den strukturpassiven Kationen den Wert 0,11 annimmt. Da die Größe $C_{O-Me(n)}$ die Dimension Å^{-1} aufweist, ergibt sich diese Dimension auch für das nach Gl. (2) berechnete ^{18}O-Inkrement $i_{O-Me(n)}$. Die tetraedrische O—Si-Bindung soll als Bezug für die ^{18}O-Inkremente aller im Silikatsystem möglichen O—Me-Bindungen dienen. Durch Division der ^{18}O-Inkremente mit dem ^{18}O-Inkrement der O—Si-Bindung erhält man die reduzierten ^{18}O-Inkremente der verschiedenen O—Me-Bindungen

$$i'_{O-Me(n)} = \frac{i_{O-Me(n)}}{i_{O-Si}}, \qquad (5)$$

welche nun dimensionslos sind.

In Tab. 1 und 2 sind die reduzierten isotopischen ^{18}O-Inkremente der für das gesamte Silikatsystem wichtigen Sauerstoffbindungstypen angegeben.

Tab. 1. Zusammenstellung der reduzierten ^{18}O-Inkremente von Sauerstoffbindungen mit strukturbildenden Kationen (L_K = 1,0) in Silikaten

Bindung	Gitterabstand in Å	$C'_{O\to Me}$ red. Bindungsstärke	ε'_{O-Me} red. Isotopieeffekt	i'_{O-Me} red. ^{18}O-Inkrement
O—Si(4)	1,72	1,000	1,0000	1,000
O—H ... O	1,40	0,614	1,6263	0,998
O—B(4)	1,52	0,849	1,0677	0,906
O—Fe^{3+}(4)	2,01	0,642	1,2386	0,795
O—U^{4+}(6)	2,37	0,484	1,5150	0,733
O—Zr^{4+}(6)	2,20	0,521	1,3647	0,711
O—Mn^{4+}(6)	2,00	0,574	1,2332	0,708
O—Al(4)	1,86	0,692	0,9866	0,683
O—Si(6)	1,81	0,634	1,0000	0,634
O—Fe^{3+}(6)	1,91	0,450	1,2386	0,557
O—Bi^{3+}(6)	2,36	0,365	1,5007	0,548
O—U^{4+}(8)	2,46	0,350	1,5150	0,530
O—Al(5)	1,92	0,538	0,9866	0,529
O—Mn^{3+}(6)	2,06	0,418	1,2332	0,515
O—Cr^{3+}(6)	2,09	0,412	1,2172	0,501
O—Ti^{3+}(6)	2,16	0,398	1,1904	0,474
O—Al(6)	1,96	0,439	0,9866	0,433
O—Be(4)	1,63	0,528	0,5523	0,292
O—H(1)	0,984	1,749	0,0879	0,154

Anhand der chemischen Formel des Silikats wird die Anzahl $\bar{n}$ der vorkommenden reduzierten ^{18}O-Inkremente berechnet, ihre Summe gebildet und diese auf die Anzahl aller Sauerstoffbindungen $\bar{n}_O$ bezogen. Damit erhält man den ^{18}O-Index des betreffenden Silikats:

$$I_{^{18}O} = \frac{\sum_{j=1}^{m} \bar{n}_{Mej} \cdot i'_{O-Me(n)j}}{\bar{n}_O} \qquad (6)$$

Der ^{18}O-Index eines Silikats (Mineral/Gestein) stellt demnach sein „mittleres reduziertes ^{18}O-Inkrement" dar. Der in Gl. (6) angegebene Ausdruck ist dimensionslos und wird für das Silikatsystem als temperaturunabhängig angenommen. Für den Quarz, der innerhalb der Silikate das höchste Anreicherungsvermögen für das Nuklid ^{18}O aufweist, ergibt sich danach der ^{18}O-Index zu 1,000.

Zur Adjustierung des ^{18}O-Index' von Quarz (Qu) bezüglich seines temperaturabhängigen β-Faktors kann entweder auf Ergebnisse experimentell untersuchter Sauerstoffisotopentrennungen zwischen paragenetischen Silikaten (z.B. Quarz/Albit) oder direkt auf berechnete reduzierte Zustandssummenverhältnisse (β-Faktoren) zurückgegriffen werden. Beide Verfahren werden angewandt. Im ersteren Fall wurde unter Verwendung des Systems Quarz/Albit [7] folgende lineare Näherung gefunden [2]:

$$10^3 \cdot \ln \beta_{Qu}(T) \approx 7{,}98 \cdot \frac{10^6}{T^2} \qquad (7)$$

im zweiten Falle läßt sich mit Werten von *Shiro* und *Sakai* [8] als gute Näherung für den Quarz (unter Berücksichtigung des Übergangs von α- zu β-Quarz bei 846 K) die nichtlineare Näherung

$$10^3 \cdot \ln \beta_{Qu}(T) \approx 5{,}66 \cdot \frac{10^6}{T^2} + 16{,}1 \cdot \frac{10^3}{T} - 10{,}1 \qquad (8)$$

finden.

Durch Multiplikation der Gl. (7) bzw. (8) mit dem ^{18}O-Index eines betrachteten Silikats (Mineral/Gestein) erhält man den entsprechenden Ausdruck für dieses Silikat. Am Beispiel des Albits (Ab) seien die Ergebnisse der berechneten Trennungen zwischen Quarz und Albit in Abhängigkeit von der Temperatur nach dem linearen und dem nichtlinearen Modell dargestellt (Tab. 3). Der ^{18}O-Index von Albit berechnet sich zu $I^{Ab}_{^{18}O} = 0{,}879$.

Tab. 2. Zusammenstellung der redzierten ^{18}O-Inkremente von Sauerstoffbindungen mit strukturpassiven Kationen (L_K = 0,11) in Silikaten

Bindung	Gitterabstand in Å	$C'_{O\to Me}$ red. Bindungsstärke	ε'_{O-Me} red. Isotopieeffekt	i'_{O-Me} red. ^{18}O-Inkrement
O—Bi^{3+}(8)	2,45	0,263	1,5007	0,0435
O—Zn(6)	2,14	0,268	1,2842	0,0378
O—Fe^{2+}(6)	2,14	0,264	1,2386	0,0360
O—Mn^{2+}(6)	2,20	0,261	1,2332	0,0354
O—V^{2+}(6)	2,28	0,252	1,2105	0,0336
O—Ca(6)	2,39	0,240	1,1314	0,0299
O—Mg(6)	2,06	0,278	0,9464	0,0289
O—Sr(8)	2,53	0,170	1,3557	0,0254
O—Ca(8)	2,48	0,173	1,1314	0,0215
O—Ba(12)	3,00	0,096	1,4426	0,0152
O—Na(6)	2,35	0,122	0,9249	0,0124
O—Na(8)	2,44	0,088	0,9249	0,00895
O—Rb(10)	3,07	0,056	1,3502	0,00832
O—Li(6)	2,00	0,143	0,4665	0,00734
O—K(10)	2,91	0,059	1,1233	0,00729
O—Rb(12)	3,14	0,046	1,3502	0,00683
O—Cs(12)	3,37	0,043	1,4372	0,00680
O—K(12)	2,98	0,048	1,1233	0,00593

Tab. 3. Unter Verwendung von Gl. (12) und (13) berechnete Trennungen $10^3 \cdot \ln \alpha^{Qu}_{Ab}(T)$ zwischen Quarz und Albit

T in K	Trennung zwischen Quarz und Albit: lineares Modell	nichtlineares Modell
273	13,0	14,9
373	7,0	8,8
473	4,3	5,8
573	3,0	4,2
673	2,1	3,2
773	1,6	2,4
873	1,3	1,9
973	1,0	1,5
1073	0,8	1,1
1173	0,7	0,9
1273	0,6	0,7

Nach Multiplikation mit Gl. (7) bzw. (8) ergeben sich

$$10^3 \cdot \ln \beta_{Ab}(T) \approx 7{,}01 \cdot \frac{10^6}{T^2} \qquad (9)$$

(lineares Modell) bzw.

$$10^3 \cdot \ln \beta_{Ab}(T) \approx 4{,}98 \ \frac{10^6}{T^2} + 14{,}2 \cdot \frac{10^3}{T} - 8{,}88 \qquad (10)$$

(nichtlineares Modell).

Die entsprechenden Trennungen lassen sich nach folgender Grundgleichung berechnen

$$10^3 \cdot \ln \alpha_{Ab}^{Qu}(T) = 10^3(\ln \beta_{Qu}(T) - \ln \beta_{Ab}(T)) \qquad (11)$$

wir erhalten danach für das lineare Modell

$$10^3 \cdot \ln \alpha_{Ab}^{Qu}(T) \approx 0{,}97 \cdot \frac{10^6}{T^2} \qquad (12)$$

und für das nichtlineare Modell

$$10^3 \cdot \ln \alpha_{Ab}^{Qu}(T) \approx 0{,}68 \cdot \frac{10^6}{T^2} + 1{,}90 \cdot \frac{10^3}{T} - 1{,}22 \qquad (13)$$

Im Rahmen eines Näherungsverfahrens kann man die in Tab. 3. auftretenden Abweichungen akzeptieren, zumal sie offenbar die untere (lineares Modell) und obere Grenze (nichtlineares Modell) des wahrscheinlichen Wertebereiches darstellen.

Zur näherungsweisen Berechnung von Sauerstoffisotopentrennungen im System Silikat/H_2O benötigt man noch Ausdrücke für die Temperaturabhängigkeit des β-Faktors von H_2O (liq) bzw. H_2O (vap) entsprechend beider Modelle. Für das lineare Modell ergeben sich nach Eichung mit Literaturdaten

$$10^3 \cdot \ln \beta_{H_2O(liq)}(T) \approx 4{,}05 \cdot \frac{10^6}{T^2} + 3{,}85 \qquad (14)$$

und

$$10^3 \cdot \ln \ _{H_2O(vap)}(T) \approx 3{,}05 \cdot \frac{10^6}{T^2} + 6{,}85 \qquad (14a)$$

für das nichtlineare Modell erhält man mit den Werten von *Shiro* und *Sakai* (1972) die Beziehungen

$$10^3 \cdot \ln \beta_{H_2O(liq)}(T) \approx 2{,}41 \cdot \frac{10^6}{T^2} + 14{,}8 \cdot \frac{10^3}{T} - 6{,}30 \qquad (15)$$

und

$$10^3 \cdot \ln \beta_{H_2O(vap)}(T) \approx 0{,}267 \cdot \frac{10^6}{T^2} + 19{,}9 \cdot \frac{10^3}{T} - 8{,}04 \qquad (15a)$$

Tab. 4. Unter Verwendung von Gl. (16) u. (17) berechnete Trennung $10^3 \cdot \ln \alpha_{H_2O(liq)}^{Qu}(T)$ zwischen Quarz und Wasser

T in K	Trennung zwischen Quarz und Wasser	
	lineares Modell	nichtlineares Modell
273	48,9	44,6
373	24,4	23,0
473	13,7	13,5
573	8,1	8,4
673	4,8	5,3
773	2,7	3,3
873	1,3	2,0
973	0,3	0,97
1073	−0,4	0,23
1173	−1,0	−0,33
1273	−1,4	−0,77

In Tab. 4 sind zum Vergleich die nach beiden Modellen berechneten Trennungen $10^3 \cdot \ln \alpha_{H_2O(liq)}^{Qu}(T)$ gegenübergestellt:

$$10^3 \cdot \ln \alpha_{H_2O(liq)}^{Qu}(T) \approx 3{,}93 \cdot \frac{10^6}{T^2} - 3{,}85 \qquad (16)$$

(lineares Modell) und

$$10^3 \cdot \ln \alpha_{H_2O(liq)}^{Qu}(T) \approx 3{,}25 \cdot \frac{10^6}{T^2} + 1{,}30 \cdot \frac{10^3}{T} - 3{,}80 \qquad (17)$$

Für silikatische Gesteine kann folgende Näherung für den ^{18}O-Index benutzt werden:

$$I_{^{18}O} \approx \frac{1}{y} \cdot (0{,}977x + 0{,}645z + 0{,}0155w + 4{,}092) \qquad (18)$$

wobei x, y und z die Formelindices von Si, O und oktaedrisch koordiniertem Al in der chemischen Formel

$$Me^{l}_{w/l}Al_z[Si_xAl_{4-x}O_y]$$

darstellen. Folgende Hinweise sind bei der Aufstellung der chemischen Formel aus der oxidischen Zusammensetzung zu berücksichtigen:

Die Summe der Formelindices von Si und Al(4) muß 4 sein und dieser Al-Anteil ist in die eckige Klammer zu setzen. Als Richtlinie für die Aufteilung des Aluminiums kann dienen: ultrabasische Gesteine Al(4):Al(6) $\approx$ 1:3; basische Gesteine $\approx$ 1:1; saure Gesteine $\approx$ 3:1. Mit l wird die elektrische Ladung der oktaedrisch koordinierten Kationen [außer Al(6)] und mit w ihr mittlerer Formelindex bezeichnet:

$$w = 2y - x - 3z - 12 \ .$$

Durch Multiplikation der nach Gl. (18) ermittelten ^{18}O-Indices mit den Gl. (7) bzw. Gl. (8) erhält man die entsprechenden Ausdrücke $10^3 \cdot \ln \beta_{Gestein}(T)$, mit deren Hilfe näherungsweise die temperaturabhängigen Gleichgewichtsbeziehungen mit dem Wasser zu ermitteln sind.

Mit dem angeführten methodischen Fundus ist es möglich, innerhalb des Silikatsystems (Minerale, silikatische Gesteine, H_2O) Sauerstoffisotopentrennungen in Abhängigkeit von der Temperatur näherungsweise zu ermitteln. Damit lassen sich einerseits Aussagen über die Zugehörigkeit bestimmter Silikate zu einer Mineralparagenese und andererseits bei erwiesener Paragenese Aussagen über den Temperaturbereich bei iher gemeinsamen Bildung treffen. Geht es lediglich darum, β-Faktoren (reduzierte Zustandssummenverhältnisse) von Silikaten zu berechnen, um z.B. Trennungen mit Nichtsilikaten aufgrund von Literaturdaten ermitteln zu können, so ist nur das nichtlineare Modell zu verwenden (Gl. 8).

Eingegangen am 15. 8. 1985

Literatur

[1] *G. Christoph*, ZfI-Mitt. **30** (1980) 188
[2] *H. Schütze*, Chem. Erde **39** (1980) 321
[3] *H. Schütze*, ZfI-Mitt. **53** (1982) 1–115
[4] *E. M. Galimow*, Die Isotope des Kohlenstoffs in der Erdöl- und Erdgasgeologie. Moskau: Verlag Nedra 1973 (*russ.*)
[5] *L. Pauling*, Die Natur der chemischen Bindung. Weinheim/Bergstraße: Verlag Chemie 1962
[6] *Landolt – Börnstein*, Zahlenwerte und Funktionen, Atom- und Molekularphysik, 4. Teil, Kristalle. Berlin – Göttingen – Heidelberg: Springer-Verlag 1955
[7] *I. Friedmann, J. R. O'Neil*, Compilation of Stable Isotope Fractionation Factors of Geochemical Interest. Data of Geochemistry. 6th Ed. ,Washington 1977
[8] *Y. Shiro, H. Sakai*, Bull. chem. Soc. Japan **45** (1972) 2355

Isotopenpraxis 22 (1986) 4, S. 131 bis 135

Isotopen- und elementgeochemische Untersuchungen an schwach metamorphen Sedimenten als Hilfsmittel zur faziellen und stratigraphischen Einordnung

I. Maaß[1]), *K. Hahne*[2]), *G. Loos*[3]), *P. Vogler*[2])

([1]) Zentralinstitut für Isotopen- und Strahlenforschung der AdW der DDR; [2]) Zentralinstitut für Physik der Erde der AdW der DDR; [3]) Zentralinstitut für Kernforschung der AdW der DDR, Rossendorf)

Herrn Prof. Dr.-Ing. *Justus Mühlenpfordt* zum 75. Geburtstag gewidmet

An einem Profil, das stratigraphisch das Obere Proterozoikum bis zum Unterkarbon einschließt, wurden von tonigen und C_{org}-reichen Lithotypen die C-Isotopenverteilung, der Mineralbestand und die Haupt- und Spurenelemente erfaßt. Elementverteilungen erlauben Aussagen zur erdgeschichtlichen Entwicklung. Die ^{13}C-Häufigkeit proterozoischer Proben unterscheidet sich signifikant von der phanerozoischer Schiefer. Eine detaillierte geochemisch-isotopengeochemische Untersuchung der lithostratigraphisch begründeten Grenze Proterozoikum—Kambrium (Goldisthaler Serie) ergab innerhalb weniger Profilmeter einen Sprung in der C-Isotopenverteilung. Vergleichsuntersuchungen an stratigraphisch gesicherten Tonschiefern im Ostteil der DDR wiesen ebenfalls signifikante Unterschiede in der C-Isotopenverteilung zwischen Kambrium und Oberen Proterozoikum auf.

A profile was investigated which stratigraphically includes the Upper Proterozoic to the Lower Carboniferous. With clayish and C_{org}-rich lithotypes the carbon isotope distribution, mineral content and major and minor elements were determined. The element distribution allows one to get information about geological development. The ^{13}C-abundance of proterozoic samples differs significantly from that of phanerozoic slates. A detailed geochemical-isotope geochemical investigation of the lithostratigraphically based boundary plane: Proterozoic—Cambrium (Goldisthalter Serie) showed a discontinuity in carbon isotope distribution within a distance of a few metres in the profile. Comparative investigations of stratigraphically determined clay slates in the eastern part of GDR also showed significant differences in carbon isotope distribution between Cambrium and Upper Proterozoic.

Keywords

carbon 12; carbon 13; element abundance, geochemistry; geology; isotope ratio; layers; sediments; stratigraphy

1. Einleitung

Im Thüringischen Schiefergebirge wurde ein Sedimentprofil lithologisch, geochemisch und isotopengeochemisch untersucht, das stratigraphisch das Obere Proterozoikum bis zum Unterkarbon einschließt. Diese Untersuchungen hatten das Ziel, zu vertieften Erkenntnissen über Sedimentationsprozesse und über die Entwicklung des variszisch-frühgeosynklinalen Sedimentationsraumes an der Südostflanke der mitteldeutschen Kristallinzone zu kommen. Der erosive Anschnitt der Schichtenfolgen und günstige Aufschlußverhältnisse gestatteten eine Probenzusammenstellung, die einem idealen Zeitprofil nahekommt, so daß regionale Unterschiede zwischen den Proben der stratigraphischen Einheiten vernachlässigbar sind.

Für elementgeochemische Untersuchungen mittels optischer Emissionsspektralanalyse wurden ca. 500 Tonschieferproben entnommen. An stufenweise ausgewählten Proben wurden der Mineralbestand und Hauptelementchemismus ermittelt. Zur Erfassung von Spuren- und seltenen Elementen kam die Atomabsorptionsanalyse mit induktiv gekoppeltem Plasma (ICP) und die Instrumentelle Neutronenaktivierungsanalyse zur Anwendung.

Untersuchungen zur Kohlenstoffisotopenverteilung erfolgten an Proben mit bekannter mineralogischer und chemischer Zusammensetzung. Die Probenauswahl war dahingehend ausgerichtet, das zu untersuchende Profil möglichst kontinuierlich zu überdecken.

Es handelt sich bei den Proben um Tonschiefer bzw. um C_{org}-reiche Äquivalente. Die Verteilung der Proben erfolgte in Annäherung an die Mächtigkeiten.

Während in früheren Arbeiten die Kohlenstoffisotopenverteilung im Gesamtprofil von Interesse war [1], konzentrierten sich die jünsten Untersuchungen auf die von Landpflanzendetritus freien präsilurischen Schichten mit folgenden Schwerpunkten:

- Erfassung des Grenzbereiches Oberes Proterozoikum Kambrium (Goldisthaler Serie);
- Verdichtung der Proben in Profilabschnitten mit anomalen Kohlenstoffisotopenwerten (Oberes Proterozoikum, Phycoden-Folge);
- Vergleichsuntersuchungen an stratigraphischen Äquivalenten aus der Lausitz.

Die oberproterozoischen Schichten gehören dem Kernbereich des Schwarzburger Antiklinoriums an. Während die Nordwestflanke dieses Antiklinoriums weitgehend von vulkanischen und sedimentären Komplexen des Rotliegenden verdeckt ist, stellt die Südostflanke das Typusgebiet für das nahezu lückenlos entwickelte Altpaläozoikum der Saxothuringischen Zone dar. Kambrium (Goldisthaler Serie), Ordovizium (Schwarzburger Serie und Gräfenthaler Serie), Silur und Devon bauen diesen etwas 15 km breiten zwischen dem oberproterozoischen Kern des Antiklinoriums

Anschriften: [1]) DDR-7050 Leipzig, Permoserstraße 15; [2]) DDR-1500 Potsdam, Telegrafenberg A 43; [3]) DDR-8051 Dresden, PSF 19

und dem Unterkarbon (Dinant) des Ziegenrück-Teuschnitzer Syklinorium gelegenen Bereiches auf. Die anchimetamorphen paläozoischen Schichten sind südostvergent gefaltet und geschiefert, der Faltenspiegel taucht generell nach Südosten ab. Ursache für den breiten Ausstrich des Ordoviziums sind einerseits die relativ großen Mächtigkeiten, andererseits die bereichsweise nur flachwellige Verfaltung mit nahezu horizontalem Faltenspiegel. Das Abtauchen des höheren Ordoviziums und Devons unter das Dinant des Synklinoriums erfolgt flexurartig, wird aber stellenweise durch streichende Störungen kompliziert. Die Profilaufnahme (Testgebiete) erfolgte bevorzugt im Gebiet von Goldisthal und Steinheid/Steinach.

2. Ergebnisse und Diskussion

Von 62 Tonschiefern und C_{org}-reichen Äquivalenten wurde die isotopische Zusammensetzung bestimmt. Die für die einzelnen stratigraphischen Einheiten ermittelten Durchschnittswerte der ^{13}C-Isotopenhäufigkeit, der Gehalte an Schichtgittersilikaten (Tonanteil) und des C_{org}-Gehaltes sind in Tab. 1 zusammengestellt. Der mittlere $\delta^{13}C$-Wert für alle Tonschiefer beträgt $-28{,}2‰$. Die Proben aus dem Oberen Proterozoikum sind demgegenüber deutlich isotopisch leichter, wie der Mittelwert von $-31{,}2 \pm 1{,}4‰$ zeigt. Extrem angereichert an ^{12}C sind hier die proterozoischen Schwärzschiefer mit $\delta^{13}C$-Werten von $-35{,}4$ und $-35{,}7‰$.

Tab. 1. Mittlere Werte der ^{13}C-Häufigkeit, der Schichtgittersilikatgehalte und des C_{org}-Gehaltes toniger Sedimente in Thüringen

Stratigraphie		$\delta^{13}C$ (‰)	Schichtgittersilikate %	Corg %
Oberes Proterozoikum				
Tonschiefer	n	16	15	14
	$\bar{x}$	−31,2	70,5	0,55
	s	±1,4	±18,7	±0,22
	min.	−29,2		
	max.	−34,6		
Sapropelite	n	2	2	2
	$\bar{x}$	−35,6	60	6,49
Kambrium (Goldisthaler Serie)				
Tonschiefer	n	10	10	8
	$\bar{x}$	−26,6	63	0,19
	s	± 0,5	±10,8	± 0,08
	min.	−26,0		
	max.	−27,5		
Ordovizium gesamt				
Tonschiefer	n	16	9	13
	$\bar{x}$	−27,0	74	0,32
	s	±2,0	±14,6	±0,15
	min.	−23,0		
	max.	−29,7		
Silur				
Schwärzschiefer	n	3	–	2
	$\bar{x}$	−27,5	–	8,92
Devon				
Tonschiefer	n	7	4	7
	$\bar{x}$	−27,8	76	0,83
	s	±1,2	±4,8	±0,47
	min.	−26,1		
	max.	−29,0		
Unterkarbon				
Tonschiefer	n	3	3	2
	$\bar{x}$	−25,8	62	0,54

Einen signifikanten Sprung zu isotopisch schwereren Werten weisen die Tonschiefer der Goldisthaler Serie (Kambrium) mit einem $\delta^{13}C$-Mittelwert von $-26{,}6 \pm 0{,}5‰$ auf. Diese relativ positiven Werte stehen in Übereinstimmung mit Untersuchungen von *J. D. Arneth* [2], der für kambrische Tonschiefer aus dem Williston-Becken, Nordamerikas, einen mittleren Isotopenwert von $-25{,}5‰$ ($n = 7$) angibt und mit Arbeiten von *D. H. Welte, W. Kalkreuth* und *J. Hoefs* [3], die für oberkambrische Schiefer aus dem Rheinischen Schiefergebirge einen Wert von $-27{,}5‰$ ($n = 10$) feststellten. Mit einem $\delta^{13}C$-Mittelwert von $-27{,}0 \pm 2{,}0‰$ wurden für das Ordovizium ebenfalls relativ isotopisch schwere Werte gefunden, aber die Variationsbreite ist mit $\delta^{13}C$-Werten von $-23‰$ bis $-29{,}7‰$ die größte im gesamten Profil. Im Silur und Devon bleibt unabhängig vom Faziestyp, die Tendenz zu isotopisch schwereren Werten erhalten. Ab Oberdevon macht sich ein beginnender Einfluß terrestrischen Pflanzendetritus auf die Isotopenhäufigkeit der organischen Substanz in Sedimenten bemerkbar [3].

In Abb. 1 sind die mittleren $\delta^{13}C$-Werte und C_{org}-Gehalte in den Tonschiefern der einzelnen stratigraphischen Abschnitte aufgezeichnet. In zwei weiteren Zusammenstellungen kommen der Mineralbestand und einige Elementverhältnisse (Abb. 2) bzw. die Mittelwerte einiger Spurenelemente (Abb. 3) zur Darstellung. Es handelt sich dabei um Elemente, die indikativ Veränderungen im Ablagerungsmilieu und den Einfluß vulkanischer Prozesse anzeigen. So spiegeln Anreicherungen von Sc, Ti, Cr und Ni Tuffite basischer Zusammensetzung wider; Anreicherungen an Rb, K, Be u. a. deuten auf erhöhte Anteile saurer Pyroklastite bzw. Granitoide hin. Mn und Sr reagieren empfindlich auf eine Verlagerung des Sedimentationsraumes, wobei Konvergenz bei klimatischem Wechsel bzw. Carbonatführung zu berücksichtigen sind. Extremwerte von Ba, Sr, B und Na in Tonschiefern sind Anzeichen einer Aridisierung. Vorwiegend in Schwermineralen fixierte Elemente wie Zr, Y,

Abb. 1. Mittlere $\delta^{13}C$-Werte und C_{org}-Gehalte einzelner stratigraphischer Abschnitte

——— Tonschiefer (TS); – – – – Schwärzschiefer (SS)

Mitteilungen / Information

IAEA: DAS BISHER UMFANGREICHSTE TECHNISCHE HILFSPROGRAMM

Die IAEA plant fuer 1986 die Durchfuehrung ihres bisher umfangreichsten Programms fuer technische Hilfe und Zusammenarbeit, und zwar in einem Gesamtausmass von USS 38,3 Millionen. Das Programm, das vom Sekretariat der IAEA dem Ausschuss fuer Technische Hilfe und Zusammenarbeit des Gouverneursrates zur Genehmigung vorgelegt wurde, soll die Bemuehung der Mitgliedsstaaten der IAEA unterstuetzen, ihre technologischen Grundlagen auf dem Nuklearsektor zu entwickeln. Es beruecksichtigt insb. die Beduerfnisse der Entwicklungslaender. Der Ausschuss empfahl die Genehmigung des Programms durch den Gouverneursrat der IAEA und forderte den Generaldirektor auf, weitere Massnahmen einzuleiten, damit die Bereitstellung der technischen Hilfe im Rahmen des Programms fuer 1986, einschl. der Durchfuehrung von mehrjaehrigen Projekten, ohne Verzoegerung beginnen koenne. In seiner Rede vor dem Ausschuss stellte Dr. Hans Blix, Generalsekretaer der IAEA, fest, dass der Umfang des Programms staendig wachse - mit einer jaehrlichen Durchschnittsrate von 18% seit 1969, und zwar, trotz des fuer das ordentliche Budget der IAEA angestrebten Nullwachstums. Durch Steigerung der Effiziens sei es gelungen, die wachsende Diskrepanz zwischen anfallender Arbeit und zur Verfuegung stehenden Arbeitskraeften wettzumachen. Mit den Mitteln des Fonds fuer Technische Hilfe und Zusammenarbeit werden 78% des gesamten Programms gedeckt. Man hofft, dass 1986 zusaetzliche, ausserbudgetaere Mittel verfuegbar werden, um die restlichen 22% abzudecken. Projekte auf dem Gebiet der nuklearen Sicherheit haben im Gesamtprogramm Prioritaet, sie machen ungefaehr 22,6% der Gesamtmittel aus. Danach kommen Kerntechnik (14,7%) und Landwirtschaft (14,3%), die anderen Arten von Projekten erhalten einen geringeren proportionellen Anteil. Nach der Art von Hilfe gesehen, stehen an erster Stelle die technischen Geraete (47%), gefolgt von Beistellung von Fachleuten (26,8%) und Ausbildung (23,8%). Im Programm des Jahres 1985 gab es 26 regionale und interregionale Projekte. 1986 wird es 37 geben. Fuer viele dieser Projekte werden ausserbudgetaere Geldmittel gesucht. (IAEA-Pressekommunique (1985)15)

Kurznachrichten / Newlets

Metrologie:

EICHMASS MIT WELTHOECHSTSTAND

Der neue Staatliche Etalon aus der Leningrader Forschungs-Produktionsvereinigung Wniimetrologii "D.I. Mendelejew" gibt die Laengeneinheit Meter mit einer Genauigkeit von einem Milliardstel der Masseinheit an. Dabei wurde die Empfehlung der XVII. Generalkonferenz ueber Masse und Gewichte von 1983 in Paris beruecksichtigt, fuer die Wiedergabe des Meters frequenzstabilisierten Laser einzusetzen. Zu dem Etalon gehoert noch ein Geraet, das die Vergleichsmessung automatisiert. (Presse der Sowjetunion (1985) 12)

Umwelt:

WALDSCHAEDEN DURCH KERNKRAFTWERKE? STRAHLENFORSCHER WIDERSPRECHEN

Die Waldschaeden haben in den letzten Jahren besorgniserregende Ausmasse angenommen. Wissenschaftler versuchen seither, den Ursachen auf die Spur zu kommen. Saurer Regen, Ozon, Klimaschwankungen, Schaedlinge, Monokultur, Bodenerosion - die Liste moeglicher Ursachen ist lang, ihr Zusammenspiel wahrscheinlich, die Gewichte der einzelnen Faktoren sind nach wie vor ungewiss. Vor einiger Zeit machte der sueddeutsche Gymnasialprofessor G. Reichelt von sich reden, der behauptet, nicht nur Schwefel- und Stickoxide, sondern auch die Ableitungen aus Kernkraftwerken seien Hauptbeteiligte an den Baumschaedigungen. Als Beispiel dafuer nannte er die Umgebung des Kernkraftwerks Obrigheim am Neckar, BRD, eines der ersten Kernkraftwerke, das seit 18 Jahren in Betrieb ist und wegen seiner Zuverlaessigkeit geruehmt wird. Dieses Kernkraftwerk soll dafuer verantwortlich sein, dass, so Reichelt, die Waldschaeden in der Umgebung deutlich hoeher sind als anderswo. Anhand von Kartierungen mit der Eintragung von Schadstufen verschiedener Schwere versuchte Reichelt dies zu belegen. Bei den unterstellten Schaedigungsmechanismen werden verschiedene Wirkungsmoeglichkeiten in Betracht gezogen. Ein schon lange bekanntes Phaenomen ist die Ionisation der Luft durch Strahlung. Als Folge der natuerlichen ionisierenden Strahlung laufen derartige Ionisierungsvorgaenge in der Atmosphaere staendig ab. Die durch Emission aus kerntechnischen Anlagen verursachte Ionisation liegt gegenueber der staendig natuerlich vorhandenen bei verschwindend geringen Werten. Die Bildung von Ozon ist ein weiterer Schadvorgang, der Kernkraftwerken angelastet wird. Doch auch sie liegt im Vergleich zur natuerlichen, durch photochemische Reaktionen verursachten Produktion im vernachlaessigbaren Bereich. Aehnlich verhaelt es sich mit den Radionukliden T und C-14, die zwar aus Kernkraftwerken emittiert werden, jedoch gegenueber den natuerlichen Wasserstoff- und Kohlenstoff-Isotopen, die milliardenfach haeufiger angeboten werden, nicht bevorzugt in Pflanzen eingebaut werden. Bereits im Kamin eines der heutigen Kernkraftwerke betraegt das Verhaeltnis der Atome T zu den Atomen H (als Luftfeuchtigkeit) etwa 1:10 000 Milliarden. Die Gleichartigkeit des Verhaltens radioaktiver und inaktiver H- und C-Atome im natuerlichen Stoffwechsel ist durch viele und langjaehrige Untersuchungen abgesichert. Im Rahmen ihrer Beratungstaetigkeit fuer den Bundesminister des Innern in Strahlenschutzfragen wurden Mitarbeiter der Gesellschaft fuer Strahlen- und Umweltforschung (GSF) gebeten, zu dem Entwurf einer Literaturstudie "Waldschaeden durch Kernkraftwerke" Stellung zu nehmen. Diese Studie war durch den Tuebinger Pflanzenphysiologen Prof. Dr. H. Metzner gefertigt worden. Die Wissenschaftler der GSF stellten fest, dass die Basis fuer diese Studie, insbes. die Waldschadenserhebungen von Reichelt, viele wesentliche Fehler und logische Ungereimtheiten enthaelt. Diese Stellungnahme basiert auf der Begutachtung der Schluesse Metzners, der nach Angaben der GSF bisher auf diesem Gebiet keine eigenen wissenschaftlichen Arbeiten durchgefuehrt hat, durch Forstwissenschaftler, Radiooekologen, Chemiker, Strahlenphysiker und Statistiker. Wegen schwerwiegender Fehler und Subjektivitaeten in der Stichprobengewinnung und -auswertung der zugrunde liegenden Waldschadensdaten sind nach Meinung der GSF-Fachleute aus der Studie von Metzner keine Unterschiede in der Schadenshaeufigkeit zwischen der Umgebung kerntechnischer Anlagen und davon unbelasteten Gebieten abzuleiten. Zu einem aehnlichen Schluss waren vorher auch schon badenwuerttembergische Forstfachleute gekommen. Die heutigen Kenntnisse ueber Wirkungsmechanismen der Strahlenexposition auf Pflanzen seien so umfassend, dass die geringen Mengen radioaktiver Stoffe und Edelgase, die aus kerntechnischen Anlagen herruehren, als Verursacher fuer die Waldschaeden nicht in Frage kommen koennen. Neue Arbeiten zur Schadwirkung kerntechnischer Emissionen haelt die GSF angesichts dieser Situation fuer nicht begruendbar. (Atomwirtschaft/Atomtechnik (1985) 12, S. KI+II)

RADON IN WOHNUNGEN

Nach einer Mitteilung des Fachverbandes fuer Strahlenschutz haben Radon-Messungen in etwa 6000 Wohnungen in der BRD auf einen Mittelwert der Konzentration von Radon-Zerfallsprodukten in der Raumluft unserer Haeuser schliessen lassen, das einer aequivalenten Radon-Gleichgewichtskonzentration von 15 bis 20 Bq/m^3 entspricht. Die hierdurch bedingte Aequivalentdosis im Bronchialepithel betraegt 15-20 mSv pro Jahr und ist somit 10-20mal hoeher als die mittlere natuerliche Strahlenexposition anderer Koerpergewebe. Im Falle einer chronischen Exposition bei diesem Pegel koennten nach heutigem Wissen etwa 3-10% der derzeitigen Lungenkrebshaeufigkeit durch die Inhalation von Radon-Zerfallsprodukten in Haeusern initiiert werden. In etwa 0,1% der untersuchten Wohnungen erreicht die Radon-Gleichgewichtskonzentration mehr als 200 Bq/m^3. In diesen Wohnungen ist die Hauptquelle nicht das Radon aus den Baumaterialien, sondern die Radon-Zufuhr aus dem Boden unter den Haeusern. Strahlenschutzmassnahmen sollten daher in erster Linie darauf abzielen, diese Extremwerte zu reduzieren. (Atomwirtschaft/Atomtechnik (1985) 12, S. K III)

Tracer techniques:

NEW GROUND FOR TLA

Thin layer activation (TLA), a technique developed at AERE Harwell's Accelerator-Based Technology Centre for the measurement of wear, erosion and corrosion, is now under trial for plant corrosion monitoring applications in North Sea oil production and in chemical industries. TLA involves labelling the near surfaces of metal engineering components with trace quantities of radioisotopes, generated by nuclear reactions with high energy ion beams. Subsequent loss of material from the labelled components in service can be monitored by straightforward activity measurements in situ. Development trials are now underway at various sites. Several TLA activated steel coupons were installed in the main wellhead flow lines on one of the production platforms in the Ekofisk oil/gas field operated by Phillips Petroleum in the Norwegian North Sea. The coupons will be retrieved for analysis after six months of service to assess the loss of metal and the retention of corrosion products in comparison with conventional weight loss measurements. A second stage trial is planned in which instrumented coupon assemblies will be installed for testing. A separate trial is running at Dearborn Chemicals' plant at Widnes. Dearborn Chemicals are manufacturers and suppliers of corrosion inhibitors for water systems. TLA activated metal coupons are being monitored in the company's test rigs which are used to establish the effectiveness of their inhibitor formulations in preventing corrosion in water treatment plants. Metal loss measurements are made continuously throughout the tests. TLA is regularly used in a wide variety of industries; components activated on the tandem accelerator and the variable energy cyclotron include piston rings, turbine blades, twist drills, gun barrels and hip joints. (Atom (1985) 349, S.27)

Legislation:

NEW REGULATIONS ON IONISING RADIATIONS

New regulations to protect people against ionising radiations arising from any work activity will take effect generally from 1 January 1986. Regulation 10 became effective from 1 October 1985 to allow employers to commence the appointment of radiation protection advisers in advance of the remainder of the requirements. The aim of the regulations and the associated code of practice is to allow work with ionising radiations to be carried out safely and to ensure that doses of radiation to workers or members of the public are kept as low as reasonably practicable and at least below certain specified levels. The regulations contain the fundamental requirements needed to control exposure to ionising radiations; general practical guidance and details of acceptable methods of meeting these requirements are given in the supporting code. Previous legislation controlling the use of ionising radiations only applied to industrial undertakings covered by the Factories Act; these new regulations extend coverage to all users including hospitals, research establishments, schools, universities, dentists and veterinary surgeons, as well as diving, oil exploration and pipeline operations offshore. (Atom (1985)349, S. 20)

Ion beams:

ION THRUSTERS SAVE SATELLITE FUEL MASS

A contract to investigate a new propulsion system for space satellites, has been awarded to the United Kingdom Atomic Energy Authority's Culham Laboratory. The nine month contract is for research work on the ion thrusters which propel the space vehicle by producing a jet of high energy ionised particles by means of electrical acceleration. Particles of Xe, Kr and Ar will be used because they are inert and, unlike the Hg and Cs tested in previous ion thrusters, will not contaminate or damage the spacecraft on which they are mounted. Culham's previous research demonstrated the main physics and engineering principles of electric propulsion systems. Present-day satellites use chemical rockets to maintain their position in orbit and communications satellites in geostationary orbit have to correct for many disturbances including the effects of the sun and moon. A large satellite with an initial mass of 1 tonne needs to carry about 200 kg of chemical propellant to be used over its lifetime. This mass of fuel is reduced substantially by the use of electric propulsion. With this method, positively charged ions are produced in the rocket by ionisation of the propellant by electrons. The ions are then accelerated to high velocities by electric fields and ejected at velocities of 30 to 40 km/s - ten times that in the exhaust from a chemical rocket. Use of such an ion thruster system instead of chemical rockets would lead to a mass saving in fuel equivalent to about a 20 per cent increase in the communications system payload of the satellite. Calculations show that for larger spacecraft in the 2 tonne mass range, electric propulsion would save the equivalent of the total payload mass of Olympus - the European communications satellite scheduled for launch in early 1987. Such potential mass savings offer the prospect of cheaper launches or longer lifetimes or larger communications capability, all of which have direct financial benefit. For example, because the propellant mass required for electric propulsion is so small, extra propellant could even be carried to extend the lifetime of the satellite, or to move it out of geostationary orbit at the end of its life, to make way for a replacement - an important consideration as the orbit is congested and expecting to receive 300 more satellites by 2000. (Atom (1985) 349, S. 23)

Radiation chemistry:

PROTON STRAGGLING IMPROVES PAINT

Harwell is setting up a new club to help the UK paint industry to develop improved paint formulations. At present, paints include considerable quantities of pigment because over 20 per cent of their covering power is lost through flocculation (clumping) of the pigments during drying. Pigments, in particular the titania used in white paints, are expensive and the paint industry is actively seeking new production techniques which can overcome this problem. The initial aim of the club will be to develop proton straggling as a routine method of determining the flocculation characteristics of different paint formulations. In this technique a particle accelerator is used to direct a beam of protons onto a layer of paint. Protons are slowed down as they pass through material and the spread (or straggle) of the velocities of the emerging protons provides information on the distribution of solids in the paint. Proton straggling is a standard technique, applicable to all types of paint, and promises to overcome many of the limitations of optical, electron microscopy and rheological methods. The club is being launched in collaboration with the Industrial Colloids Advisory Group at the University of Bristol, which is Harwell's partner in the Colloid Technology Consortium formed last year with support of the Department of Trade and Industry. The development programme will begin in January 1986. The club membership fee will be in the range of £3000 to £5000 for the initial one year programme. (Atom (1985) 349, p.23)

Radioisotope:
Frankreich: CEA LIEFERT BEDEUTENDE MENGEN AN Am-241 INS AUSLAND

In den Transuran-Labors des Commissariat a l'Energie Atomque (CEA) in Fontenayaux-Roses werden jaehrlich rund 500 Gramm Am-241 aus mittelradioaktiven Abfaellen oder gealtertem Pu extrahiert, gereinigt und konditioniert. Das sich aus Pu-241 bildende Am wird als Oxid oder zu fertigen Strahlenquellen verarbeitet verkauft. Das CEA berichtet ueber drei kuerzlich eingegangene Lieferauftraege. Die britische Amersham Ltd. hat 1500 Gramm bestellt, 200 Gramm gehen an eine nicht naeher bezeichnete Firma in Houston/Texas und China will 50 Gramm beziehen. Als Alpha-Strahler findet Am-241 verschiedene Anwendungen, zum Beispiel als Ionisationsquelle fuer Rauchdetektoren oder zur Beseitigung elektrostatischer Aufladungen, ferner als Quelle in Apparaten zür Dickenmessung oder in Mischung mit Be als Neutronenquelle bei der Prospektion im Bergbau und der Eroel-Industrie. (SVA-Bulletin (1985) 20, S. 17)

Reaktorunfall:
BEGINN DER BRENNSTOFFENTFERNUNG AUS DEM REAKTOR VON TMI-2

Die GPU Nuclear Corporation (GPUN) hat Ende Oktober mit der ersten Phase der Arbeiten zur Entfernung des Brennstoffs aus dem havarierten Reaktor des amerikanischen Kernkraftwerks Three-Mile-Island-2 (TMI-2) begonnen. Der Reaktorkern von TMI-2 war beim Stoerfall vom 28.3.1979 durch Ueberhitzung zerstoert worden. Um sich Zugang zu den tieferliegenden Brennstofftruemmern zu verschaffen, werden die GPUN-Spezialisten zunaechst mit fernbedienten Werkzeugen die Brennelementreste im oberen Teil des Kerns wegschneiden. Die Brennstoffreste werden anschliessend unter Wasser in Lager- und Transportbehaelter gefuellt und aus dem Reaktor ins Brennelement-Abklingbecken verbracht. Spaeter wird sie das Department of Energy zur Untersuchung und Lagerung per Bahn ins Idaho National Engineering Laboratory transportiert. Nach heutiger Planung sollen die Arbeiten fuer die Brennstoffentfernung rund 18 Monate in Anspruch nehmen. Der effektive Zeitbedarf ist jedoch schwierig abzuschaetzen, da der genaue Zustand der heute noch unzugaenglichen Teile des Reaktorkerns erst im Verlauf der Aufraeumarbeiten ermittelt werden kann. Nach der Entfernung des Brennstoffs aus dem Reaktordruckgefaess muessen noch Brennstofftruemmer aus anderen Teilen des Reaktorsystems eingesammelt und der untere Teil des Reaktorgebaeudes dekontaminiert werden. Die GPUN schaetzt, das Projekt zur Aufraeumung von TMI-2 im dritten Quartal 1988 abschliessen zu koennen. (SVA-Bulletin (1985)20)

Radioecology:
RADIOACTIVITY IN CUMBRIA

The 7th report Studies of Environmental Radioactivity in Cumbria, Part 7-A summary of progress to December 1984, AERE-R 117743, arising from a study of the mechanisms for the transfer of man-made radioactivity through the environment in Cumbria has been bublished by the UKAEA's Harwell Laboratory. The study, which is jointly funded by the Department of the Environment (DOE), the United Kingdom Atomic Energy Authority (UKAEA) and British Nuclear Fuels plc (BNFL) began in 1978. Its objective is to ensure that possible pathways (including those of a long term nature) for the transfer of radioactivity to man are not overlooked. The report describes the development of a computerised model of the marine, terrestrial and atmospheric transfer mechanisms. The model makes use of a wide range of available data as well as special measurements obtained during the study. An earlier report in the series described a sea-to-land transfer mechanism for the actinides Pu and Am..One of the applications of the model is in estimating the contribution of this mechanism to the annual radiation dose for coastal residents. The model takes into account all the past and projected discharges from the BNFL Sellafield site. It shows that at its peak the contribution from sea-to-land transfer was less than 1 per cent of the annual dose limit for the public set by the International Commission on Radiological Protection. It also shows that the contribution will continue to decline over a 20 year period (1978 to 1998) to about one third of the peak level. Results from the model were used recently by the Radioactive Waste Management Advisory Committee in considering the future implications of Sellafield actinide discharges, which were discussed in the Committe's Sixth Annual Report. (Atom (1985) 349, p. 39)

Veröffentlichungen/ Publications

JOINT INSTITUTE FOR NUCLER RESEARCH - DUBNA/USSR
13-84-462

A Low-Background Multichannel Scanning Facility for Investigation of the Beta-Activity Distribution - A low-background multichannel scanning facility for investigation of the beta-activity distribution at the mass-separator collector is described. The detecting part of the facility is a set of 100 Geiger counters united in a row 100 cm long. The facility is provided with a shielding against external radiations, it reduces the background by a factor of 6.5 comparing with the background without shielding. A sectional collector of the special design is employed. It ensures the space resolution 3,3 mm. The background is 0.002 1/s per a counter - 1984, S.P. Avdeev et al.

E7-85-245

A Search for the Tracks of Heavy and Superheavy Cosmic Ray Nuclei in Olivines from Meteorites - The results of investigating the tracks of cosmic ray nuclei with $Z \geq 50$ in olivine from meteorites are Presented.The obtained spectrum of track lengths for the $Z \geq 50$ nuclei exhibits two pronounced groups of tracks: 190-230 μm tracks, attributed to nuclei ranging from Th to U, and abnormally long 310-360 μm tracks. The hypothesis that the nuclei of superheavy elements with $Z \geq 110$ may be present in cosmic rays is discussed - 1985, V.P. Perelygin; S.G.Stetsenko;G.N.Flerov

P13-85-637

α-Decay Rare Event Spectrometer - Low level background 4π-geometry α-spectrometer is described. The efficiency of registration, spectral line form and the ways of background lowering are discussed. The system for registrating α-particles using MERA-60/30 computer is described. The lowering of background to 0.02-0.03 count/day at 6-7 MeV has been achieved due to zhe application of time measurement of events - 1985, A.N. Kuznetsov et al.

P3-85-187

The Reactor IBR-2 in the 90's - A short review of the 25 year experience of development and operation of fast periodically pulsed reactors in the Joint (JINR), their advantages as well as the trends of further improvement of the reactor IBR-2 in the 90!s are presented. The most interesting applications of pulsed reactors in condensed matter research, nuclear physics and elementary particle physics are out-lined in brief. V.D.Ananiev et al.

Ausgewählte Beiträge / Recently published papers

GEOKHIMIA (1985)5 (in Russian)
New data on isotopic composition of carbon of carbonado - E.M. Galimov et al.

ZH. FIZICHESKOI KHIMII 59(1985)5 (in Russian)
Separation of Li isotopes during the amalgan exchange with salt solutions in organic solvents 3 - R.P. Ageev et al.

J. PHYSIC. CHEMISTRY 89(1985)9
Magnetic isotope effects in the photolysis of dibenzyl ketone on porous silica. ^{13}C and ^{17}O enrichments - N.J. Turro et al.

K coadsorption induced dissociation of CO on the Rh (111) crystal surface : an isotope mixing study - J.E. Crowell et al.

FTIR spectra of the H-bonding in matrix-isolated molecular complexes of hydrogen oxides, CO and CO_2 formed in the photooxidation of isotopic CH_2O and glyoxal in solid O_2 at 12-15 K - Tai-Ly Tso et al.

J. MOLECUL. STRUCTURE 127(1985)3/4
IR band intensities : transition moment matrix elements for fundamentals and overtones; Part III isotope effect - S. Singh

MARINE CHEMISTRY 16(1985)1
A new method for the recovery of NH_4 from natural water for measurement of N-15 composition in isotope dilution experiments - T.R. Fischer et al.

A catalytic oxidation method for the determination of total nitrogen dissolved in sea water - Y. Suzuki et al.

ZH. ORGANICH. KHIMII 21(1985)3 (in Russian)
Iodide isotopic exchange in non-activated iodo derivatives of benzenes catalyzed by Cu salts - N.G. Iroshnikova et al.

OKEANOLOGIGA 25(1985)2 (in Russian)
Fractionating of ^{18}O within snow-ice cover in the central Arctic Ozean - J.A. Melnikov et al.

Estimation of U forms in ocean water - O.T. Krylov et al.

WISSENSCHAFT UND FORTSCHRITT 35(1985)6
Thermolumineszenz-Altersbestimmung - G.Boden

Radionuklidgeneratoren - R. Otto, P. Hecht

Fliessinjektionsanalyse (FIA) - H. Matschiner

WISSENSCHAFT UND FORTSCHRITT 35(1985)7
Der Wasserkreislauf der Erde - S. Dyck

Raster-Tunnel-Mikroskopie - M. Hietschold; P. Ziesche

ANGEW. CHEM. 97(1985)6
Grosse Angst vor kleinen Mengen - die Bedeutung der Analytischen Chemie in der modernen Industriegesellschaft am Beispiel der Spurenanalytik der Elemente - G.Toelg; R.P.H.Garten

Enzyme als Gastmolekuele in inversen Micellen - P.L. Luisi

Kombination chromatographischer Trennmethoden mit der Massenspektrometrie - ein modernes Verfahren zur Stoffwechseluntersuchung - G. Spiteller

Direkter Strukturbeweis fuer das Pentazol-Ringsystem in Loesung durch N-15-NMR-Spektroskopie - R. Mueller et al.

ANGEW. CHEMIE 97(1985)7
Konsequenzen der Spannung fuer die Struktur aliphatischer Molekuele - C. Rueckardt et al.

Chirale Verbindungen durch biokatalytische Reduktionen - H. Simon et al.

Solvataustausch an Mg ([15] Krone-5) - Komplexen als Reaktion 1. und 2. Ordnung - F.L. Dickert et al.

Ein makrobicyclisches Wirtmolekuel fuer das Diquat-Dikation - B.L. Allwood et al.

N-15-Si29-Kopplungskonstanten und Einfluss des N-15-Isotopeneffektes auf die Si-29-chemische Verschiebung in Verbindungen mit natuerlichem Isotopengehalt - E. Kupče et al.

WISSENSCHAFT IN DER UdSSR (1985)4
Vom ersten Kernkraftwerk zu den Giganten unserer Tage - A. Petrosjanz

ATOMNAJA ENERGIJA 60(1986)2 (all in Russian)
Production of radionuclides in nuclear reactors - A.M. Petrosyants et al

A possible approach to normalization of APS safety system reliability on the basis of the risk concept - L.M. Vokslor

Preparation of radionuclides in the Research Institute of Atomic Reactors - A.V. Klinov et al

Production, attestation and application of standard sources of ionizing radiation and standard solutions of radionuclides in the Soviet Union - E.F. Garapov et al

Separation of nitrogen isotopes by a nitric acid method. Phase and isotopic equilibrium in the systems nitric oxide-nitric acid - S.G. Katalnikov et al

Methode of obtaining ions of short-lived isotopes - V.A. Obukhov; V.I. Raiko

The production of Tl-201 for medical applications - N.I. Venikov et al

Radionuclide diagnostic: State, possibilition, prospects - A.F. Tayb et al

Radioisotope thermoelectrical generators for implantated electrocardiostimulators - A.A. Pustovalov et al

Neutron instrumental analysis facility - G.I. Borisov et al

Evaluating the radiation situation in the vicinity of an APS for uncontrolled introduction of radionuclides in the environment - A.A. Bondarev et al

Large Area semiconductor detectors of radiation - D.K. Khasanov; Ya. Yafasov

GENETIKA 21(1985)7 (in Russian)
Variability of barley under repeated treatment of two successive generations with mutagenic factors. I. Effect of ethylenimine on gamma-irradiated plants - M. Pitirimova

FARMAKOLOGIA / TOKSIKOLOGIA 48(1985)4 (in Russian)
Radiochromatographic study of the distribution of C-14-sydnocarb and its metabolites in inbred mice - S.B. Seredenin; I.V. Rybina

BIOFISIKA 30(1985)4 (in Russian)
P-31-NMR study of the content of P-containing metabolites in the mouse liver under injection of zinc highly dispersed powder - L.D. Fatkullina et al

VOPR. MEDIZ. CHIMII 31(1985)4 (in Russian)
A simple radioimmunoassay of thymidine in biological fluids - U.K. Podgorodnichenko et al

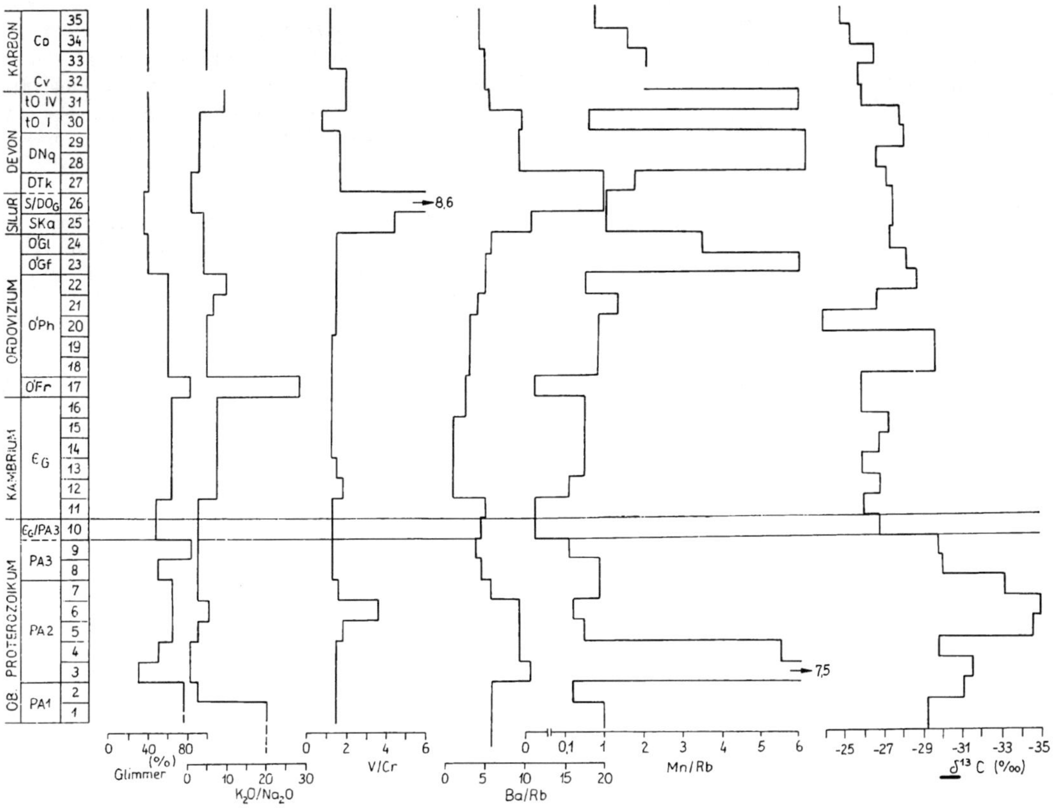

Abb. 2. Zeitliche Verteilung der Kohlenstoffisotope, des Glimmergehaltes, der geochemischen Verhältnisse K_2O/Na_2O, V/Cr, Ba/Rb und Mn/Rb in tonigen Sedimenten

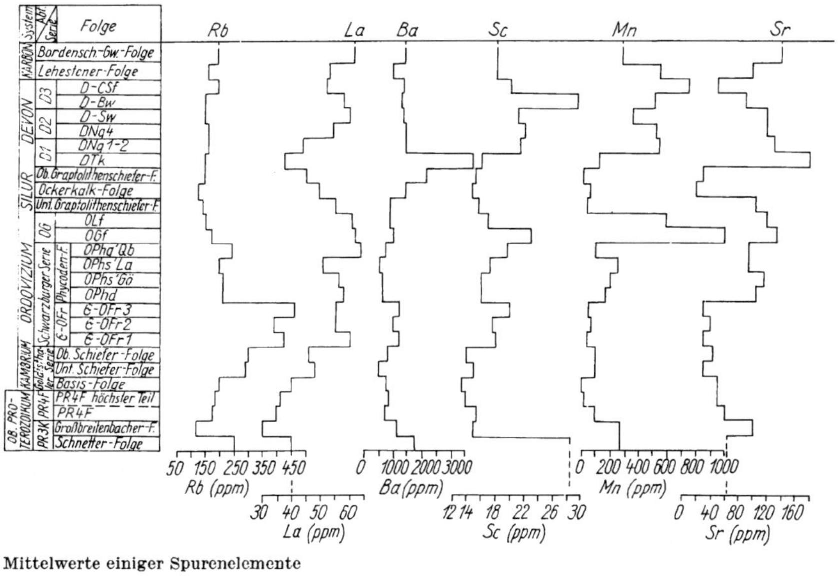

Abb. 3. Mittelwerte einiger Spurenelemente

Yb, Nb, Hf sind empfindliche Indikatoren einer Verschiebung in der Korngröße feinklastischer Sedimente als Ausdruck einer erhöhten Reliefenergie.

Bei Betrachtung der δ^{13}C-Werte des Ordoviziums erkennt man, daß in der Frauenbach-Folge ähnliche Isotopenwerte wie im Kambrium auftreten. Signifikante Unterschiede bestehen jedoch im Mineralbestand und Chemismus. Charakteristisch ist eine Muskovit-Quarz-Zusammensetzung und dementsprechend ein hohes K_2O/Na_2O-Verhältnis. In der Spurenelementführung werden höhere Rb-Gehalte, sowie Minima bei Mangan gefunden. Die Veränderung der Elementzusammensetzung wird als Audruck eines Klimawechsels unter verstärktem Eintrag saurer Magmatite interpretiert. Die Kohlenstoffisotope folgen diesem markanten geochemischen Schnitt nicht. Mit Beginn der Phycoden-Folge ist aber ein deutlicher Sprung zu negativeren δ^{13}C-Werten, und wiederum auch in der Zusammensetzung bestimmter Elemente zu verzeichnen. So wird eine Verarmung an den Elementen Rb, K, Al, Zr, Th, Ba und die Anreicherung der Elemente Sr, Mn, Li, Na als Ausweitung des Sedimentationsraumes interpretiert. Stofflich gesehen, ist dies der markanteste Schnitt im gesamten Profil. An Hand der Korrelation Ba mit Sr bilden sich nach Mittelwert und Variationsbreite zwei Gruppen ab (Abb. 4). An Sr verarmt sind die stratigraphisch älteren Schiefer aus Proterozoikum (Pa 1 – 3), Kambrium (ε_G)

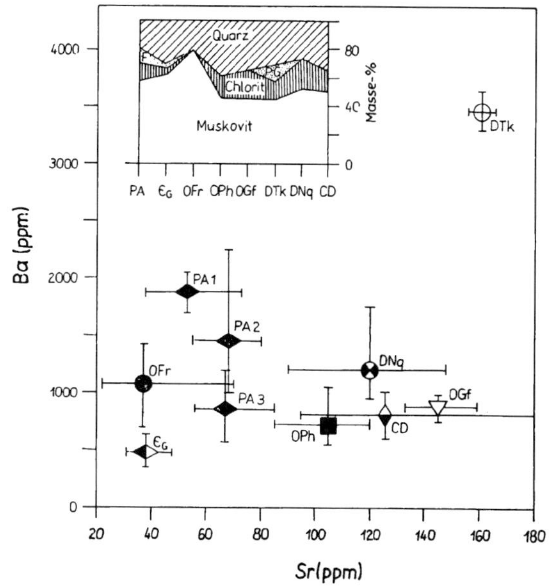

Abb. 4. Korrelation Ba/Sr von tonigen Sedimenten unterschiedlichen geologischen Alters (angegeben sind Mittelwerte und Variationsbreite; mittlerer Mineralbestand der Tonschiefer in Abhängigkeit vom Alter)

PA 1 – PA 3 – Oberes Proterozoikum; ε_G – Goldisthaler Serie (Kambrium); OFr – Ordovizium, Frauenbach-Folge; OPh – Ordovizium, Phycoden-Folge; OGf – Ordovizium, Gräfenthaler Serie; DTk – Devon, Tentakulitenknollenkalk-Folge; DNq – Devon, Tentakulitschiefer-Folge; CD – Unterkarbon

einschließlich der Frauenbach-Folge (OFr) des Ordoviziums. Das Sr-reiche Feld setzt sich aus stratigraphisch jüngeren Schiefern zusammen. Mineralogisch ist eine merkliche Chloritführung zu erkennen, der die Spurenelemente Ni, Sc und Li folgen.

Die an der Basis der Phycodenfolge ermittelten negativsten $\delta^{13}C$-Werte liegen bei $-29{,}7‰$. Innerhalb der Phycodenschiefer im Niveau der Göritzgrundschichten wurden ohne erkennbare Änderungen im Mineralbestand und Chemismus die isotopisch schwersten Werte von $-23‰$ bis $-24{,}3‰$ gemessen. Die Unterschiede in der isotopischen Zusammensetzung innerhalb der Phycodenfolge lassen sich auf durch regionaltektonische Vorgänge hervorgerufenen unterschiedlichen Sedimentationsbedingungen zurückführen [1]. Die isotopische Zusammensetzung sedimentierter organischer Substanz wird durch die Milieubedingungen im Sedimentationsraum geprägt, d. h. die vorherrschenden ökologischen Bedingungen und die phylogenetische Stellung der vorhandenen marinen Species beeinflussen den $\delta^{13}C$-Wert [4]. So liegen in einem zum Ozean geöffneten Meeresraum mit großen Wassertiefen und tieferen Temperaturen für die Entfaltung des marinen Planktons ungünstige ökologische Bedingungen vor, die zu größeren Isotopenfraktionierungen und damit zu negativeren $\delta^{13}C$-Werten in der organischen Substanz führen. Modelluntersuchungen an Algen haben allgemein gezeigt, daß Maximalfraktionierungen zwischen dem zur Assimilation angebotenem CO_2 und dem daraus gebildeten Kohlenstoff auftreten bei großem CO_2-Angebot und langsamer Wachstumsgeschwindigkeit [5]. Die Umweltbedingungen flachmariner Sedimentationsräume mit zeitweiser hoher Wasserenergie (küstennahes Randmeer) lassen dagegen günstigere Lebensbedingungen für das marine Plankton zu. Diese Hypothese steht in guter Übereinstimmung mit einem auf der Basis des thermodynamischen Gleichgewichts entwickelten Modells zur näherungsweisen Berechnung der $\delta^{13}C$-Werte von Land- und Wasserpflanzen [6]. Das Modell erfaßt den Einfluß der Temperatur, des pH-Wertes im Zellsaft, bedingt durch den des Meerwassers, und der Verhältnisse von nicht assimiliertem zu assimiliertem bzw. aufgenommenem zu abgegebenem CO_2 bzw. HCO_3^- auf den $\delta^{13}C$-Wert der Gesamtpflanzensubstanz. Grundsätzlich liefert das Modell eine Aussage über die Tendenz einer Anreicherung von ^{12}C mit sinkender Temperatur und Erhöhung des Verhältnisses von nicht assimiliertem zu assimiliertem CO_2.

Im Oberen Proterozoikum scheint sich eine Internstruktur abzubilden. Die im tiefsten Bereich aufgeschlossenen Schnetter-Schichten gehören einer Vulkanit-Assoziation an. Hier finden sich mit $\delta^{13}C$-Werten von $-29{,}2$ bis $-31{,}6‰$ innerhalb des Proterozoikums die relativ isotopisch schwersten Werte. Eine Aufheizung könnte diese positiveren Werte hervorgerufen haben. Im mittleren Abschnitt sind sowohl für Tonschiefer als auch für Sapropelite die isotopisch leichtesten Werte gemessen worden. Dieses Niveau ist durch Linsen von Sapropeliten mit entsprechenden Elementanreicherungen (V, Ni, Pb) und sedimentologisch durch eine relativ ruhige Sedimentation charakterisiert.

Aus der Kernzone des Schwarzburger Antiklinoriums wurde ein Phyllit mit einem $\delta^{13}C$-Wert von $-31{,}6‰$ einbezogen, der besagt, daß eine geringe metamorphe Beanspruchung keinen Einfluß auf die isotopische Zusammensetzung hat [5].

Der in einem Verband aufgeschlossene höchste Teil des Oberen Proterozoikums und das ohne tektonische Störungen folgende Kambrium (Goldisthaler Serie) ergaben eine interessante Isotopenverteilung. Ca. 30 m unterhalb der Basis der Goldisthaler Serie (grobklastische Basisfolge), d. h. noch innerhalb der wenig gereiften Grauwakken – feldspatführenden Schieferassoziation des Proterozoikums wurde in Tonschiefern, die stratigraphisch, mineral- und elementgeochemisch als typisch proterozoisch anzusprechen sind, eine Verschiebung in den $\delta^{13}C$-Werten von $-30‰$ auf $-26‰$ bis $-27‰$ festgestellt. Eine Erweiterung in das Liegende auf ca. 120 m erbrachte kein anderes Bild. Ein dünnes Schieferband im Basisquarzit, d. h. Goldisthaler Serie weist die für das Kambrium typischen $\delta^{13}C$-Werte auf. Aus elementgeochemischer Sicht kommt es erst unterhalb dieser Basis und in Schiefern innerhalb des Basisquarzites zu einer schwachen Erhöhung des Verhältnisses Fe^{3+}/Fe^{2+}, sowie einer Abnahme von Mn/Rb und Ba/Rb, womit eine zunehmende Verflachung und eine Instabilität der Feldspäte (klimatisch bedingt) einhergeht.

Daraus ergibt sich folgender Sachverhalt: Aus lithologischer Sicht tritt mit dem Einsetzen der Quarzite an der Basis der Goldisthaler Serie ein neuer Sedimenttyp auf, der die Grauwackenassoziation abschließt und aus regionalgeologischen Gründen in das Kambrium gestellt wird [7]. Geochemisch zeichnet sich bereits unterhalb des Basisquarzites eine dem Kambrium ähnliche Mineral- und Elementparagenese ab. In der Kohlenstoffisotopenverteilung ist unabhängig von mineralogischen Schwankungen innerhalb der Schiefer ein signifikanter Schnitt zu beobachten, der etwas unterhalb der derzeitig festgelegten Grenze Proterozoikum-Kambrium liegt. Daran knüpft sich folgende Fragestellung:

– Welchen diagnostischen Wert hat die ^{13}C-Häufigkeit zur Gliederung fossilleerer Folgen am Nordrand der Böhmischen Masse?

— Falls dieser Schnitt eine überregionale, d. h. phylogenetisch bedingte Ursache hat, wird dann das $^{13}C/^{12}C$-Verhältnis möglicherweise zu einer stratigraphischen Marke; d. h. zu einem stratigraphischen Merkmal zur Abgrenzung altpaläozoischer und proterozoischer Sedimentgesteine?

Um dies zu überprüfen, wurde zum Vergleich faunistisch belegtes Unterkambrium aus der Lausitz (Lusiatops-Schiefer) und die in das Proterozoikum gestellten Kamenzer-Schichten untersucht. Es ergaben sich für 3 Tonschiefer der Kamenzer-Schichten die erwarteten $\delta^{13}C$-Werte von $-33{,}2‰$, $-32{,}2‰$ und $-33{,}0‰$, für das Kambrium von $-27{,}5‰$ bis $-28{,}1‰$. Damit werden die in Thüringen gefundenen Werte generell bestätigt.

Weitere Untersuchungen an faunistisch belegten und lückenlosen Grenzprofilen Präkambrium—Kambrium stehen noch aus.

Eingegangen am 16. 9. 1985

Literatur

[1] *K. Hahne, I. Maaß, H. Lützner, J. Ellenberg, F. Falk, E. Grumbt*, ZfI-Mitt. 85 (1984) 107

[2] *J. D. Arneth*, Isotope Geoscience 2 (1984) 113

[3] *D. H. Welte, W. Kalkreuth, J. Hoefs*, Naturwissenschaften 62 (1975) 482

[4] *H. Hübner*, ZfI-Preprint 36 (1983) 104 S.

[5] *I. Maaß, U. Wand, T. Kaemmel*, Z. f. angew. Geologie 24 (1978) 109

[6] *H. Schütze, D. Mißbach*, Unveröffentlichte Mitteilung

[7] *H. R. v. Gärtner*, Jahrbuch — Reichsanstalt Bodenforschung 62 (1944) 54

Isotopenpraxis 22 (1986) 4, S. 135 bis 139

Isotopenchemische Untersuchungen am Kohlenstoff von Baumjahresringen — ein Beitrag zur Umweltforschung

G. Strauch, K. Mühle

(Zentralinstitut für Isotopen- und Strahlenforschung der AdW der DDR, Leipzig)[1]

Herrn Prof. Dr.-Ing. *Justus Mühlenpfordt* zum 75. Geburtstag gewidmet

Der zunehmende Anteil an anthropogenem CO_2 in der Atmosphäre verändert zwangsläufig den ^{13}C-Gehalt des atmosphärischen CO_2. Aus Baumjahresringen lassen sich langjährige Trends über die Entwicklung des CO_2-Pegels in der Atmosphäre, besonders in der Periode der weltweiten Industrialisierung, nachweisen. Die in der Literatur vorgelegten Untersuchungen von Baumjahresringen werden zusammengefaßt diskutiert und eigene Daten zweier Bäume aus einem Industriegebiet und einem industriefernen Standort innerhalb der DDR einbezogen.

Due to the long term increase of atmospheric CO_2 its $^{13}C/^{12}C$ ratio changes influenced by CO_2 emitted from combustion of fossil fuels particularly. The $^{13}C/^{12}C$ records in tree rings make a contribution to the knowledge about the development of the atmospheric CO_2. ^{13}C data from two trees of different locations in the GDR are presented and discussed in connection with the isotope data reported in the literature.

Keywords

atmosphere; biosphere; carbon 13; carbon dioxide; cellulose; fossil fuels; isotope ratio; photosynthesis; tree ring; wood

1. ^{13}C-Untersuchungen an Baumjahresringen als Beitrag zum CO_2-Problem

Die wachsende Umsetzung fossiler Brennstoffe zur Energieerzeugung im weitesten Sinne führt unweigerlich zu einer erhöhten Abgabe an Kohlendioxid in die Atmosphäre. Alle damit verbundenen Prozesse und Einflußgrößen sind bei *Weise* und *Wetzel* [1, 2] eingehend untersucht worden.

Die Betrachtungen solcher Modelluntersuchungen stützen sich dabei einerseits auf Messungen des gegenwärtigen CO_2-Gehalts in der Atmosphäre, auf das Isotopenverhältnis $^{13}C/^{12}C$ des CO_2 sowie auf die quantitative Erfassung und isotopische Zusammensetzung der Ausgangsgrößen.

Andererseits werden in der Literatur Informationen über Langzeittrends des atmosphärischen CO_2 sowie deren C-Isotopenverhältnis aus Untersuchungen von Baumjahresringen, Gaseinschlüssen im Gletschereis wie auch kalkigen Muschelsedimenten gegeben [3—6]. Weltweit wurde in verschiedenen Laboratorien die Variation des ^{13}C-Gehalts im Holz und in dessen Bestandteilen aus Jahresringen von Bäumen untersucht, wobei klar zu erkennen ist, daß der durch die Industrialisierung zunehmende anthropogene CO_2-Anteil in der Atmosphäre das $^{13}C/^{12}C$-Verhältnis im Holz beeinflußt.

Zunächst konnten *Keeling* u. a. [7] durch Langzeitmessungen des CO_2-Gehaltes in der Atmosphäre an zwei Punkten der Erde (Mauna Loa, Haiwa; Südpol) seit etwa 1956 eine signifikante Erhöhung von 315 ppm (1958) auf 327 ppm (1971) im globalen Maßstab feststellen. Der $\delta^{13}C$-Wert des atmosphärischen CO_2 nahm im Zeitraum 1956 bis 1978 um $0{,}65‰$ ab [8].

Mook und *Keeling* [9] präzisierten insbesondere durch weitere Messungen von atmosphärischem CO_2 der Pazifikregion und am Südpol den Langzeittrend (1956—1981) in der ^{13}C-Variation mit $-0{,}02‰/ppm$ CO_2, wobei Saisoneffekte und Kurzzeitschwankungen mit $-0{,}6‰/ppm$ CO_2 wie auch der CO_2-Austausch Atmosphäre—Hydrosphäre berücksichtigt wurden.

Parallel zu den Messungen des atmosphärischen CO_2 (Gehalt, Isotopenverhältnis) wurden in den letzten Jahren von *Libby* [10], *Farmer* [11, 12], *Freyer* [3, 13—15], *Galimov*

[1]) Anschrift: DDR-7050 Leipzig, Permoserstraße 15

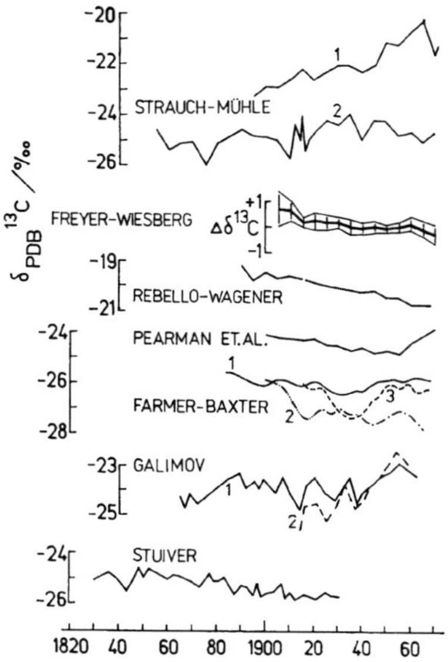

Abb. 1. ^{13}C-Variationen in Baumjahresringen verschiedener Bäume aus unterschiedlichen Regionen der Erde im Zeitraum von 140 Jahren

Farmer und Baxter [11]: (1) Eiche (Gesamtholz), England, (2) Lärche (Gesamtholz), Schottland; *Farmer* [12]: Amerikanische Ulme (Gesamtholz), NE-Atlantikküste, USA

Freyer und Wiesberg [13], *Freyer* [14]: $\Delta\delta^{13}$C-Variationen in Baumjahresringen verschiedener Bäume Europas, 20. Jahrhundert, bezogen auf Durchschnitt 1930–1950

Galimov [16]: Tannen (Gesamtholz) (1) u. (2), Gebiet Perm, Zentralteil der UdSSR

Pearman u. a. [17]: Kiefer (Cellulose, Gesamtholz), Tasmanien

Rebello und *Wagener* [18]: Brasilianische Araukaria (Cellulose), Brasilien

Stuiver [19]: Douglas-Tanne (Cellulose), Pazifikküste, USA

Strauch und *Mühle* [d. A.]: (1) Esche (Cellulose), Erzgebirge, DDR, (2) Eiche (Cellulose), Gebiet Leipzig, DDR

[16], *Pearman* [17], *Rebello* [18], *Stuiver* [19], *de Silva* [20], *Grinstead* [21], *Francey* [22] die C-Isotopenvariationen im Holz und dessen Bestandteilen an zahlreichen Bäumen unterschiedlicher Arten und weltweit verbreiteter Standorte untersucht (Abb. 1).

Nach einer statistischen Auswertung von δ^{13}C-Werten aus Baumjahresringen von 26 Bäumen der Nordhemisphäre [14] zeichnete sich, aufgeteilt in Zeitabschnitte von 1860 bis in die Gegenwart, ein ähnlicher Trend im ^{13}C-Gehalt ab, wie er im atmosphärischen CO_2 beobachtet wurde (Tab. 1).

Tab. 1. Variationen des δ^{13}C-Wertes in Baumjahresringen

Zeitraum	Variation	
	jährlich ‰ · a^{-1}	summarisch ‰
1850–1920	$-0{,}017 \pm 0{,}004$	$-1{,}18 \pm 0{,}29$
1920–1940	$-0{,}023 \pm 0{,}012$	
1940–1960	$+0{,}017 \pm 0{,}011$	
1960–1975	$-0{,}042 \pm 0{,}010$	
1920–1975		$-0{,}86 \pm 0{,}40$

Francey [22] gibt in seinen Ausführungen zu ^{13}C-Variationen in Baumjahresringen einige Einflußgrößen, wie Saisoneffekt, Temperatur und Niederschlag, Standortbedingungen (Einzelbaum–Flächenbewuchs, Kontinente–Küste), Nährstoffangebot sowie Umweltverschmutzung an.

Der Übergang Atmosphäre–Biosphäre, d. h. die Aufnahme des CO_2 durch die Pflanzen und dessen photosynthetische Fixierung in der Zelle, wird von bestimmten Parametern entscheidend beeinflußt. Variationen im CO_2-Gehalt von ~ 10 ppm in der Wachstumsperiode können zu einer ^{13}C-Zunahme bis ~ 5‰ führen. *Weise* und *Wetzel* [1] weisen auf eine Jahresschwankung des δ^{13}C-Wertes im Biozyklus von 0,6‰ hin. *Nydal* [23] gibt 2 bis 3‰ als Schwankungsbreite an. Der Einfluß regionaler Unterschiede und damit verbundener Standortbedingungen auf den ^{13}C-Gehalt zeigt deutlich der Vergleich in Tab. 2.

Tab. 2. Variationen des δ^{13}C-Wertes im Holz unterschiedlicher Standorte

Standort	Zeitraum	Variation ‰
Kiefer, Küstenlage Tasmanien [17]	1890–1970	$-1 \ldots -1{,}5$
4 holländische Bäume, Westeuropa [24]	1860–1940	$-0{,}5$
	1940–1970	$+0{,}4$

Als ein offensichtlich wesentlicher Gesichtspunkt bei der Interpretation von δ^{13}C-Daten aus Baumjahresringen wird mehrfach die CO_2-Nettoabgabe der Biosphäre bezeichnet. Über diesen Prozeß, zu dem man ebenso die Urbanisierungsmaßnahmen gegen Ende des 19. Jh./Beginn des 20. Jh. zählt (Brandrodung) und der nach *Stuiver* [19] noch nicht hinreichend erforscht ist, sind nach Modellbetrachtungen zwischen 1850 und 1950 ca. $120 \cdot 10^9$ t Kohlenstoff in die Atmosphäre abgegeben worden.

Farmer [12] führt die ^{13}C-Anreicherung von 0,9‰ im Holz der Bristlecone-Kiefer im Zeitraum 1880 bis 1890 sowie von 1 ... 1,5‰ in britischen Hölzern der Jahre 1900 bis 1920 auf diesen Urbanisierungsprozeß zurück. Nach 1930 trat die CO_2-Nettoabgabe aus der Biosphäre zunehmend zurück, was möglicherweise einen Anstieg der δ^{13}C-Werte im Holz von Baumjahresringen bewirkte. Daß *Pearman* [17] und *Grinstead* [21] ihre δ^{13}C-Daten erfolgreich mit regionalen Sommertemperaturen korrelieren, zeigt, daß bei der Interpretation der δ^{13}C-Ergebnisse aus Baumjahresringen mehrere Einflußgrößen betrachtet werden müssen. Den Temperatureinfluß auf die Photosynthese geben *Troughton* und *Card* [25] für Pflanzen in Abhängigkeit von ihrem Photosynthesemechanismus mit +0,013 bis +0,046‰ grd^{-1} für C_3-Pflanzen und +0,13‰ grd^{-1} für C_4-Pflanzen an. *Libby* [10] begründet thermodynamisch für die Photosynthese einen Temperaturkoeffizienten von +0,36‰ grd^{-1}, und *Libby* und *Pandolfi* [26] fanden für $\Delta\delta^{13}$C aus Baumjahresringen +2,4‰ grd^{-1}, während *Smith* et al. [27] ein nichtlineares Temperaturverhalten mit negativen $\Delta\delta^{13}$C im beobachteten Bereich feststellten.

Der Unterschied im ^{13}C-Gehalt wie auch die unterschiedliche Temperaturabhängigkeit der Photosynthese bei C_3- und C_4-Pflanzen werden verursacht durch die verschiedene Art der Aufnahme und Verabreichung des CO_2 in der Pflanze.

Bei C_3-Pflanzen, zu denen die untersuchten Baumarten gehören, wie auch bei C_4-Pflanzen wurde beobachtet, daß sie auf „Streßsituationen", d. h. verändertes Angebot an CO_2, Temperatur, Licht, Nährstoffen, mit Änderungen im ^{13}C-Gehalt der bei der photochemischen Gleichgewichtsreaktion gebildeten Stoffe reagieren [28].

Dabei kommt es je nach Art der „Streßsituation" zu einer Isotopendiskriminierung der C-Nuklide und damit zu Änderungen des ^{13}C-Gehalts im Pflanzengewebe. Ein solches „Vorkommnis" kann, wenn es langfristig wirkt, durchaus in Jahresringen gespeichert sein. *Stuiver* [19] weist in dem Zusammenhang darauf hin, daß bei der Interpretation von δ^{13}C-Daten aus Baumjahresringen auch beachtet werden sollte, ob im Umfeld des Baumes vorwiegend C_3- bzw. C_4-Pflanzen wachsen. Ein hoher Anteil anthropogenen CO_2 kann unter Umständen verbunden sein mit anderen umweltschädigenden erhöhten Stoffkonzentrationen. *Freyer* [14] prüfte den Einfluß von SO_2 auf die photochemische Aktivität anhand von ^{13}C-Untersuchungen. Eine geringe Anreicherung an ^{13}C, in der der verunreinigten Luft ausgesetzten Pflanze, wurde beobachtet, doch kann dieser Effekt zunächst nicht verallgemeinert auf Trends in Baumjahresringen genutzt werden. *Freyer* [14] gibt eine mögliche Störung im Photosynthesemechanismus an, so daß eine erhöhte, zur ^{13}C-Anreicherung führende Respirationsintensität die Folge wäre. Eine detaillierte Untersuchung über den Zusammenhang von SO_2-Resistenz bei Koniferenarten (Picea abies, Latrix-Arten) und der CO_2-Fixierung während der Photosynthese legten *Schachler* u. a. [29] vor. Ihren Ergebnissen nach, führt SO_2-Einfluß nicht zu einer C-Isotopendiskriminierung dergestalt, daß eine Umschaltung des C-Fixierungsweges von C_3- nach C_4-Zyklus beobachtet wird.

2. Ergebnisse der eigenen Isotopenuntersuchungen an Baumjahresringen

Vergleichsweise ähnliche C-Isotopenuntersuchungen an Baumjahresringen, wie sie international in verschiedenen Laboratorien praktiziert werden, wurden bisher bei uns nicht durchgeführt. Unser Ziel war es daher, in erster Linie das Datenmaterial durch Untersuchung von Hölzern unseres Territoriums zu erweitern.

Zur Verfügung standen je ein Baumsegment einer 80jährigen Esche (Fraxinus exelsior L.) aus Bärenfels/Erzgebirge sowie einer 120jährigen Eiche (Quercus robor) aus Crostewitz, südlich von Leipzig. Gedacht war bei der Standortauswahl an Bäume aus einer industriefernen Lage (Esche, Bärenfels) sowie einer Lage innerhalb eines Industriereviers (Eiche, Crostewitz), wobei der Eichenstandort lokal ländlichen Charakter zeigt.

In Abb. 2 sind Jahresringbreiten und die Isotopenwerte beider Bäume aufgezeigt.

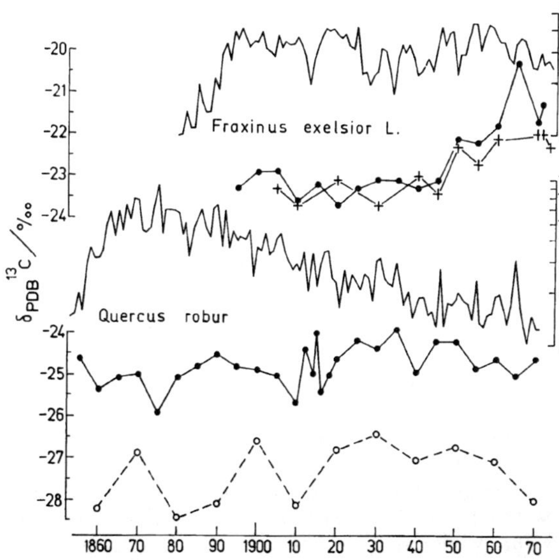

Abb. 2. Jahresringbreiten b und δ^{13}C-Variationen im Holz der Esche (1), Bärenfels, Erzgebirge, und der Eiche (2), Crostewitz, Gebiet Leipzig, über einen Zeitraum von ca. 80 bzw. 120 Jahren
+ – Holz; ● – Cellulose; ○ – Lignin

2.1. *Standortmilieu der Bäume*

Der Esche-Standort befand sich im östlichen Teil des Erzgebirges auf 625 m NN in geschützter Lage innerhalb der Nordabdachung des Gebirges. Das Bodenmilieu wird durch periglazialische, silikatische Schuttdecken (Gneis) gebildet. Die Phänologie des Baumes ist durch eine kurze Entwicklungszeit (Juni — Oktober) während starker turbulenter atmosphärischer Zirkulation gekennzeichnet. Die Jahresringbreiten schwanken im wesentlichen durch klimatische Einflüsse.

Das Umfeld der Eiche aus Crostewitz wurde im Jugend- und mittleren Wachstumsstadium durch ausreichende Bodenfeuchtigkeit (Lage am Weiher) und gute Lichtverhältnisse (einzelstehender Baum) geprägt. Seit den 20er Jahren dieses Jahrhunderts begann in näherer Umgebung des Ortes ein Tagebaubetrieb, der zweifellos mit Veränderungen im Grundwasserangebot der Region verbunden war. In den Ringbreiten der Eiche ist kein auffallender Effekt erkennbar. Eher ist nach einer Zunahme der Ringbreite im Jugendstadium ein steter Rückgang zu beobachten.

2.2. *Probenbearbeitung*

Das Holz der zu bearbeitenden Jahresringe wurde mit einem ausgeglühten, feinzahnigen Sägeblatt in Mengen zu 0,5 bis 2 g gleichmäßig über die gesamte Ringbreite ausgesägt und das anfallende Sägemehl verarbeitet. Unter Berücksichtigung der Hauptbestandteile im Holz — Cellulose, Lignin, Hemicellulose und Lipide — wurde der probenchemische Arbeitsgang so ausgelegt, daß Cellulose und Lignin separiert werden konnten.

Tab. 3. δ^{13}C-Werte aus Holz, Cellulose und Lignin sowie der Cellulose- und Ligningehalt aus Baumjahresringen einer Eiche (Quercus robur), Crostewitz, und einer Esche (Fraxinus exelsior L.) Bärenfels, Erzgebirge

Jahr	Gehalt, %			δ^{13}C (PDB), ‰			
	Cellulose	Lignin	Holz	Cellulose	Lignin	Holz	Cellulose
	Eiche (Crostewitz)			Esche (Bärenfels)			
1855	57,6			−24,6			
60	63,6	19		−25,4	−28,2		
65	61,9			−25,1			
70	64,7	26	−25,2	−25,1	−26,9		
75	53,2			−26,0			
80	68,5	22	−25,9	−25,1	−28,5		
85	58,2			−24,9			
90	66,9	23		−24,6	−28,1		
95	63,9			−24,8			−23,3
1900	66,1	(23 − 41)		−24,9	−26,6		−22,9
05	64,5			−25,0		−23,3	−22,9
10	61,5	22	−25,5	−25,7	−28,2	−23,7	−23,6
15	63,7			−24,0			−23,2
20	61,9	31		−24,7	−26,8	−23,1	−23,7
1925	60,6			−24,3			−23,3
30	62,5	30		−24,4	−26,4	−23,7	−23,1
35	61,3			−24,0			−23,1
40	57,2	24		−25,0	−27,1	−23,0	−23,3
45	58,6			−24,2		−23,4	−23,1
50	57,5	22		−24,3	−26,7	−22,3	−22,1
55	55,1			−24,9		−22,7	−22,2
60	56,6	22		−24,7	−27,1	−22,1	−21,8
65	70,9		−24,9	−25,1			−20,3
70	70,1	25		−24,7	−28,0	−22,0	−21,7
71						−22,0	−21,2
73						−22,3	
1912				−24,5			
14				−25,0			
16				−25,5			
18				−25,1			

Im folgenden Schema sind die Bearbeitungsschritte bis zum CO_2 für die massenspektrometrische Isotopenanalyse zusammengestellt:

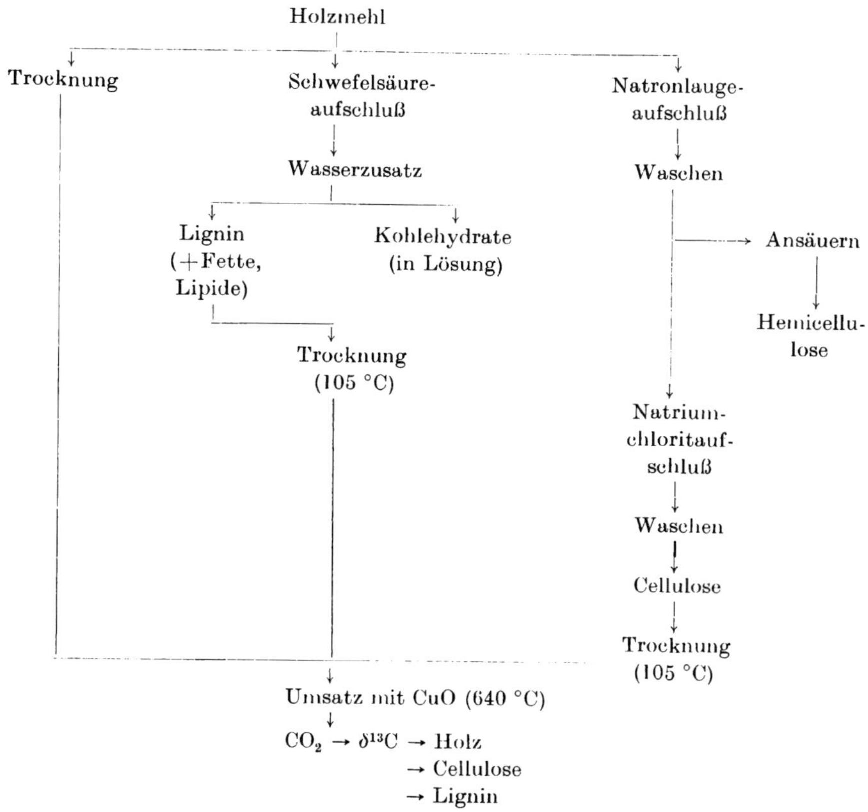

Die Aufschlußverfahren für Cellulose und Lignin sind bei *Sohn* und *Reif* [30] bzw. *Kürschner* [31] beschrieben.

Hemicellulose wurde für die Isotopenanalyse nicht verwendet. In Tab. 3 sind die aus 2 bis 4 Einzelbestimmungen gemittelten δ^{13}C-Werte sowie die Cellulose- und Ligningehalte (prozentual) — gemittelt aus Doppelumsetzung — der entsprechenden Jahresringe aufgezeigt.

Der probenchemische Fehler beträgt 0,3‰ bei Cellulose und 0,25‰ bei Lignin.

3. Diskussion der C-Isotopenvariationen in den Baumjahresringen

Die Ausbildung der Jahresringbreite hängt bei Bäumen wesentlich von klimatischen Bedingungen und Umwelteinflüssen am Standort ab. Typisch ist zunächst die deutliche Zunahme im Jugendstadium bei Esche und Eiche, das für beide nach ca. 15 Jahren abschließt. In der weiteren Wachstumsphase bleibt die Esche in der Ausbildung der Ringbreite im Trend relativ konstant, wobei sich einem leichten Rückgang zwischen 1900 und 1930 eine Zunahme zwischen 1930 und 1960 anschließt. Ab 1960 nimmt die Ringbreite deutlich ab. Im Vergleich dazu zeigt sich im Verlauf der Ringbreite der Eiche eine stete Abnahme ab Ende Jugendstadium ohne besondere Änderungen bis zum Fälldatum. Eine *Fourier*-Analyse zum Erkennen besonderer Häufigkeiten über Langzeiteinflüsse erbrachte Periodizitäten von ca. 2 und 14 Jahren. Mit der Jahresmittel- bzw. Sommertemperatur im Standortgebiet ist in beiden Fällen keine Korrelation zu beobachten. Die Ausbildung sehr schmaler oder breiter Jahresringe in Esche und Eiche — sogenannter Weiserjahre — deutet auf regionale Einflüsse im Klima hin.

Mit der von *Huber* u. a. [32] als Vergleichsstandard vorgestellten Eichenringdatierung korrelieren beide von uns untersuchten Bäume zwischen 1880 und 1960 in fünf Fällen (1888, 1893, 1909, 1931, 1934), die Eiche zusätzlich 1875. Zwischen Eiche (Crostewitz) und Esche (Bärenfels) verteilen sich weitere Weiserjahre auf 1913, 1946, 1955.

Bei der Untersuchung der Isotopenvariationen des Kohlenstoffs in den Jahresringen legten wir einen 5jährigen Abstand für Cellulose und Holz bzw. einen 10jährigen für Lignin fest. Unserer Meinung nach reicht eine 5jährige Beprobung zur Einschätzung langzeitlicher Trends im Kohlenstoff der Jahresringe aus.

Die δ^{13}C-Werte der Cellulose aus Jahresringen der Esche weisen zwischen 1895 (Ende der Jugendentwicklung) und 1940 sehr geringen Rückgang auf. Ab 1940 reichert sich die Cellulose an ^{13}C an. Nahezu gleich verhält sich Früh- und Spätholz in seinen δ^{13}C-Werten, wobei der Abschnitt ab 1940 in Holz abgeschwächt wiedergegeben wird.

Eine Zunahme an ^{13}C ab 1940 bis 1960 wird zwar in Cellulose aus anderen Bäumen ebenfalls festgestellt, jedoch in weit geringerem Maß.

Die ab 1965 in Holz und Cellulose beginnende Abreicherung an ^{13}C kann anthropogen durch Einfluß fossiler Brennstoffe begünstigt sein. Eine sichere Aussage ist für diesen kurzen Zeitabschnitt nicht möglich. Die Abnahme des ^{13}C-Gehaltes nach Ende des Jugendstadiums ist für die Eiche deutlicher erkennbar. Für ca. 30 Jahre (1885 bis 1915) wird eine jährliche Abnahme von 0,021‰/a berechnet. Damit kann die im mitteldeutschen Gebiet gewachsene Eiche tendenziell anderen Bäumen gleichgestellt werden. Bei *Freyer* [14] werden δ^{13}C-Änderungen zwischen 1850 und 1920 mit −0,018‰/a bzw. summarisch −1,28‰ ±0,58 und zwischen 1920 und 1975 mit −0,023‰/a bzw.

$-1,24‰ \pm 0,49$ angegeben. Für die Periode zwischen 1940 und 1960 wurde sogar eine Änderung von $+0,013‰/a$ ermittelt.

Aus der in Abb. 1 gezeigten ^{13}C-Variation in Baumjahresringen global verteilter Bäume ist ebenfalls in den ersten drei Dezennien des Jahrhunderts eine Abnahme im ^{13}C-Gehalt zu beobachten. Zwischen 1915 und 1935 nimmt der ^{13}C-Gehalt in der Cellulose um ca. 1‰ zu, um dann stetig bis 1970 um 0,012‰/a abzufallen. Das Lignin, das isotopisch um etwa 2 bis 3‰ leichter als Cellulose ist, tendiert in wenigen Meßwerten in ähnlicher Richtung. Eine stärkere Abnahme an ^{13}C Ende der 60er bis in die 70er Jahre dieses Jahrhunderts kann hier nicht festgestellt werden. Ein Einfluß der seit den 30er Jahren zunehmenden Industrialisierung des Leipziger Raumes (Energieerzeugung auf Basis Kohle und der damit verbundenen erhöhten CO_2-Abgabe in die Atmosphäre) kann sich durchaus im ^{13}C-Gehalt von Cellulose bemerkbar machen. Daß auch andere Faktoren wie Temperatur, atmosphärische und Bodenfeuchtigkeit, biologisches und geographisches Umfeld berücksichtigt werden müssen, konnte bereits oben gezeigt werden.

Für die aufwendigen chemischen Umarbeitungen der Holzproben und die Meßgasaufbereitung sei den Kolleginnen Dipl.-Chem. *I. Beyer*, Ing. *A. Thomas*, *K. Erdmann*, *M. Neuber*, *G. Schäfer*, *G. Ueberschär*, *K. Zaspel* sowie für die massenspektrometrischen Messungen *Ch. Schachtschneider* herzlich gedankt.

Ebenso gilt unser Dank Herrn Dr. *W. Richter* für die Beschaffung der Eschenholzscheibe und die vielfältigen Angaben und Hinweise zum Standortmilieu und zur dendrochronologischen Auswertung.

Eingegangen am 16. 9. 1985

Literatur

[1] *G. Weise, K. Welzel*, Isotopenpraxis **12** (1976) 219
[2] *G. Weise*, ZfI-Mitt. (im Druck)
[3] *H. D. Freyer*, Preliminary evaluation of past CO_2 increase as derived from ^{13}C measurements in tree rings. In: Carbon dioxide, climate and society. Proc. IIASA Workshop, *J. Williams* (ed.), Oxford Pergamon Press 1978, S. 69
[4] *W. Berner, B. Stauffer, H. Oeschger*, Nature **276** (1978) 53
[5] *J. Hoefs*, Stable isotope geochemistry, 2nd ed., Berlin – Heidelberg – New York: Springer Verlag 1980
[6] *G. Strauch, P. Kowski*, ZfI-Mitt. Nr. 51 (1982) 41
[7] *C. D. Keeling, R. B. Bacastow, A. E. Bainbridge, C. A. Ekdahl, P. R. Guenther, L. S. Waterman, J. D. S. Chin*, Tellus **28** (1976) 538
C. D. Keeling, J. A. Adams, C. A. Ekdahl, P. R. Guenther, Tellus **28** (1978) 552
[8] *C. D. Keeling, W. G. Mook, P. P. Tans*, Nature **277** (1979) 121
[9] *W. G. Mook, C. D. Keeling*, Carbon-13 in atmospheric CO_2. Proc. of 3rd Working Meeting on Isotopes in Nature, held at Leipzig, 15th to 18th November 1983. ZfI-Mitt. Nr. 84 (1984) 237
[10] *L. M. Libby*, J. Geophys. Res. **77** (1972) 4310
[11] *J. G. Farmer, M. S. Baxter*, Nature **247** (1974) 273
[12] *J. G. Farmer*, Nature **279** (1979) 229
[13] *H. D. Freyer, L. Wiesberg*, Anthropogenic carbon-13 decrease in atmospheric carbon dioxide as recorded in modern wood. In: Isotope ratios as pollutant source and behavior indicators, Proc. IAEA Symp., Wien: IAEA-SM-191/10, 1975, S. 69
[14] *H. D. Freyer*, Tellus **31** (1979) 124, part I; Tellus **31** (1979) 308, part II
[15] *H. D. Freyer, N. Belacy*, J. Geophys. Res. **88** (1983) 6844
[16] *E. M. Galimov*, Dokl. AN SSSR **225** (1975) Nr. 1, S. 190
[17] *C. J. Pearman, R. J. Francey, P. J. B. Fraser*, Nature **260** (1976) 771
[18] *A. Rebello, K. Wagener*, Evaluation of ^{12}C and ^{13}C data on atmospheric CO_2 on the basis of a diffusion model for oceanic mixing. In: Environmental Biochemistry, vol. 1. ed.: *J. O. Nriagu*, Ann Arbor: Science Publishers Inc. 1976, pp. 13
[19] *M. Stuiver*, Science **199** (1978) 253
[20] *M. P. de Silva*, ^{13}C-Variationen in Baumjahresringen als Folge des anthropogenen CO_2-Anstieges der Atmosphäre: Untersuchung des Einflusses von Klimaparametern. Dissertation, Aachen: Rhein.-Westf. Hochschule 1978
[21] *M. J. Grinstead, A. T. Wilson, C. W. Ferguson*, Earth Planet. Sci. Lett. **42** (1979) 251
[22] *R. J. Francey, C. D. Farquhar*, Nature **297** (1982) 28
[23] *R. Nydal*, Tellus **18** (1966) 271
[24] *P. P. Tans, W. G. Mook*, Tellus **32** (1980) 268
[25] *J. H. Troughton, K. A. Card*, Planta **123** (1975) 185
[26] *L. M. Libby, L. J. Pandolfi*, Proc. Nat. Acad. Sci. USA **71** (1974) 2482
[27] *B. N. Smith, J. Oliver, C. McMillan*, Bot. Gaz. **137** (1976) 95
[28] *C. B. Osmond, H. Ziegler*, Naturwiss. Rundschau **28** (1975) 323
[29] *G. Schachler, J. Matschke, I. Maaß, H. J. Schönborn*, Biochem. Physiol. Pflanzen **177** (1982) 651
[30] *A. W. Sohn, F. Reif*, Papierfabrikant **40** (1942) 1
[31] *K. Kürschner*, Die Chemie des Holzes. Berlin 1966
[32] *B. Huber, V. Siebenlist, V. Giertz*, Sitz. Ber. Öster. Akad. Wiss., Math.-Naturwiss. Kl. Abt. I, **178** (1969) Nr. 2, 37

Isotopenpraxis 22 (1986) 4, S. 140 bis 144

Isotopenhydrologische Untersuchungen im Gebiet der Schirmacheroase (Ostantarktika)

P. Kowski, W. Richter

(Zentralinstitut für Isotopen- und Strahlenforschung der AdW der DDR)[1])

Herrn Prof. Dr.-Ing. *Justus Mühlenpfordt* zum 75. Geburtstag gewidmet

Auf der Grundlage von δD- und δO-18-Variationen wird für das Gebiet der Schirmacheroase ein Überblick über die isotopenhydrologische Situation gegeben. Die δD-Werte von Niederschlägen aus der Oase stehen in keiner direkten Beziehung zu der hier gesammelten Luftfeuchte. Das Bildungsgebiet der Niederschläge muß vielmehr in Höhenlagen der Eisoberfläche zwischen 1000 m und 1500 m im Südosten in einer Entfernung von etwa 100 km gesucht werden. Die δD-Werte von Proben aus dem Inland- und Schelfeis stammen überwiegend aus akkumulierten Niederschlägen der geologischen Gegenwart. Lediglich an der Basis beider Gletschertypen findet man noch Relikte der spätpleistozänen Eisdecke des Dronning-Maud-Landes. Die Isotopenvariationen ermöglichen weiterhin eine gute Charakterisierung der Zufluß-, Schichtungs- und Verdunstungsverhältnisse der hochpolaren Süßwasserseen des Gebietes.

The paper gives a first complete view about the isotope hydrological situation in the Schirmacher Oasis and surroundings by means of studies of δ Deuterium and δ Oxygen 18 variations. The precipitation is assumed to be condensed in a distance of about 100 km and in a hight of the surface of the inland ice between 1.000 m and 1.500 m a.s.l. in the mean wind direction South East. The δD value studies of the shelf and inland ice have shown that both the basal zone of the inland ice and the ice shelf represent relics of an assumed thicker late pleistocene ice cap of Dronning Maud Land. The main part of the glacier ice is composed of recent local precipitation. The isotope hydrological studies are also a contribution to the characterisation of the high polar fresh-water lakes, ponds and pools under different limnological conditions.

Keywords

antarctic regions; atmospheric precipitations; deuterium; glaciers; humidity; hydrology; isotope ratio; meteorology; oxygen 18; stable isotopes; water

Einleitung

Mit der Errichtung eines DDR-Basislaboratoriums in der Nähe der sowjetischen Antarktisstation Novolazarevskaja (Schirmacheroase) ist es seit der 21. Sowjetischen Antarktisexpedition (SAE) 1976—77 erstmalig für Einrichtungen der AdW der DDR möglich, langfristige Forschungsprogramme auf dem Eiskontinent zu bearbeiten.

Das Zentralinstitut für Isotopen- und Strahlenforschung Leipzig bearbeitet das Vorhaben „Isotope in der Natur" — Teil Antarktisforschung — seit der 23. SAE (1978/79). Das wissenschaftliche Ziel des Isotopenprogramms konzentriert sich im wesentlichen auf die Untersuchung ausgewählter Nuklide in ihrer raumzeitlichen Variation in Litho-, Hydro-, Atmo- und Biosphäre. Weiterhin lassen sich die Isotopenuntersuchungen nutzen, um Fragen nach der Herkunft, des Alters oder der Entwicklungsgeschichte einzelner Reservoire zu beantworten.

Ein wesentlicher Teil des Programms befaßt sich mit der Sammlung von Isotopendaten aus der gesamten Hydrosphäre (atmosphärischer Wasserdampf, Niederschläge, Kryosphärenspeicher und Oberflächengewässer, insbesondere der hochpolaren Seen). Die Arbeiten dienen dem Ziel der isotopischen Bilanzierung des Untersuchungsgebietes, der Untersuchung der Gesetzmäßigkeiten des Wasserdampftransportes sowie der Niederschlagsbildungsprozesse im weiteren Untersuchungsgebiet. In der vorliegenden Arbeit werden einige Ergebnisse der laufenden Arbeiten vorgestellt.

[1]) Anschrift: DDR-7050 Leipzig, Permoserstr. 15

1. Zur Beziehung zwischen atmosphärischem Wasserdampf und Niederschlag

Der mit den Luftmassen zirkulierende atmosphärische Wasserdampf sowie die daraus gebildeten Niederschläge können als Anfangsglieder des terrestrischen Wasserkreislaufes betrachtet werden. Die Isotopenvariationen in den einzelnen Teilen dieses Kreislaufes werden primär durch die Isotopenvariationen im atmosphärischen Wasserdampf verursacht. Die isotopische Zusammensetzung des Wasserdampfes in einer bestimmten Luftmasse wird wiederum von einer Reihe von Faktoren beeinflußt, wie der Herkunft, den Niederschlagsbildungsprozessen während des Luftmassentransportes, der Anzahl der Niederschlagsereignisse etc.

Die Klärung der Gesetzmäßigkeiten der raumzeitlichen Isotopenvariationen im atmosphärischen Wasserdampf und den aus ihm gebildeten Niederschlägen wird folglich zu einer wichtigen Voraussetzung für die Nutzung von Isotopendaten bei Wasserhaushaltsuntersuchungen.

Im antarktischen Eis werden über die Niederschläge klimatische Informationen über einige Zehntausende bis Hundertausende Jahre gespeichert. Zum Verständnis der für paläoklimatische Forschungen gut geeigneten Informationen ist die Kenntnis der gegenwärtig ablaufenden meteorologischen Prozesse und der mit ihnen verknüpften Isotopenvariationen notwendig. Untersuchungen an den δD- und δ^{18}O-Variationen in Niederschlägen, Luftfeuchte und Eis bieten hierfür die besten Möglichkeiten.

Im Isotopenprogramm des ZfI wurden die δD-Variationen im atmosphärischen Wasserdampf und den Niederschlägen in Langzeitreihen untersucht.

1.1. *Probennahme und Isotopenanalyse*

Die Niederschläge wurden in einem Windsack aufgefangen und als Monatsmittelproben vereinigt beziehungsweise als Einzelereignisse einer direkten Bearbeitung zugeführt. Im letzten Fall erfolgte eine gewichtete Mittelwertbildung.

Für die Sammlung des atmosphärischen Wasserdampfes wurden Sorptionsfallen mit etwa 50 g desorbiertem Molekularsieb 5 A oder 5 IM (Indikator-Molsieb, das den Beladungszustand durch Verfärbung anzeigt) eingesetzt. Die Trocknung des Molsiebes erfolgt bei etwa 400 °C. Bei der Probennahme wird über eine Laborpumpe Außenluft (etwa 100 l/h) durch das Molekularsieb gedrückt. Die Probennahmezeit hängt vom Absolutgehalt der Luftfeuchte ab. Für eine Probe muß etwa 1 g Wasser adsorbiert werden. Die Desorption erfolgt in umgekehrter Weise.

Zur Isotopenanalyse stand ein Massenspektrometer vom Typ GD 150 (VARIAN MAT) zur Verfügung. Vor der Messung wurden vorher jeweils 5 µl der Wasserproben bei 800 °C über Chromium zu Wasserstoff reduziert. Die relative Deuterium-Häufigkeit wird in üblicher Weise als δ-Wert in $^0/_{00}$ Abweichung vom Standard SMOW angegeben. Die Standardabweichung beträgt für die Einzelmessung $\pm 2^0/_{00}$.

1.2. *Ergebnisse*

Die im Zeitraum 1978–82 gesammelten Niederschlags- und Feuchteproben lassen einen Jahresgang der δD-Werte erkennen (Abb. 1). Der parallele Verlauf der δD-Kurven mit den Kurven von Temperatur und Taupunkt weisen auf Abhängigkeiten zwischen diesen Parametern hin. Die Regressionsbeziehungen zwischen den δD_{prec} (Niederschlag) beziehungsweise δD_{moist} (atmosphärische Luftfeuchte) und den mehrjährigen Monatsmitteltemperaturen enthält Abb. 2. Die Geradengleichungen weisen aus, daß sich bei einer Änderung der Monatsmitteltemperatur um 1 K der mittlere δD-Wert um $2{,}3^0/_{00}$ (atm. Wasserdampf) beziehungsweise $2{,}2^0/_{00}$ (Niederschlag) ändert. Die Übereinstimmung beider Werte läßt erkennen, daß

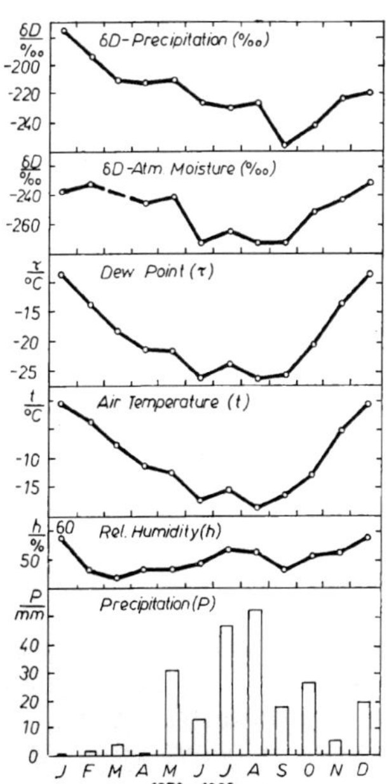

Abb. 1. Jahreszeitlicher Verlauf der δD-Werte der Niederschläge und des atmosphärischen Wasserdampfes sowie ausgewählter meteorologischer Parameter

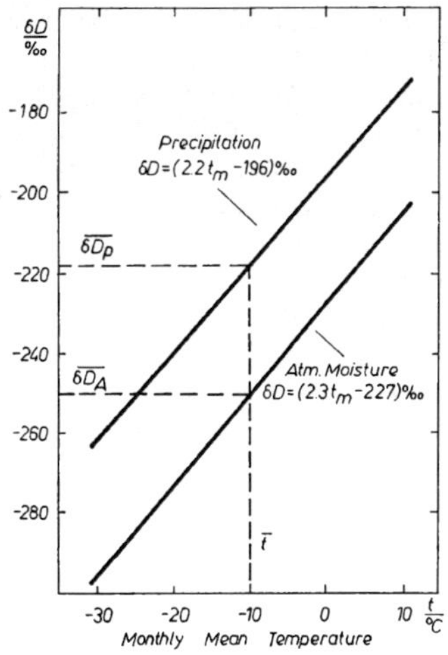

Abb. 2. Abhängigkeit der δD-Werte der Niederschläge und des atmosphärischen Wasserdampfes von der Monatsmitteltemperatur der Station Novolazarevskaja (Schirmacheroase)

die Änderung der δD-Werte in beiden Komponenten durch den gleichen Prozeß verursacht wird. Allerdings müßte nach [2] für Deuterium eine Änderung von etwa $5{,}6^0/_{00}$ pro 1 K gefunden werden. Dieser Gradient entspricht dem isotopischen Verhalten des Wassers bei der Niederschlagsbildung unter feucht-adiabatischen Bedingungen d. h. einer Abreicherung von $5{,}6^0/_{00}$ bei 1 K Temperaturerniedrigung gegenüber der vorangegangenen Fraktion.

Die Niederschlagsbildung findet nach dem derzeitigen Kenntnisstand unter *Rayleigh*-Bedingungen statt. Beim Übergang aus der Dampf- in die kondensierte Phase wird dabei ein Trennfaktor beobachtet, der dem thermodynamischen Gleichgewichtstrennfaktor (α_{th}) bei der Kondensationstemperatur entspricht. Der Wert berechnet sich nach [8] wie folgt:

$$\ln \alpha_{th}^{D} = \frac{24844 \cdot 10^3}{T^2} - \frac{76{,}248}{T} + 52{,}612 \cdot 10^{-3} \qquad (1)$$

Setzt man für das Kondensationsniveau im Gebiet der Schirmacheroase ein Temperaturmittel von −20 °C ein, so müßte diesem Gleichgewichtstrennfaktor entsprechend zwischen den mittleren Werten von δD_{moist} und δD_{prec} eine Differenz von etwa $120^0/_{00}$ gefunden werden. Aus Abb. 2 läßt sich aber nur eine Differenz von $33^0/_{00}$ ablesen. Diese krasse Abweichung von den isotopenphysikalischen Gesetzmäßigkeiten hat ihre Ursache in den gebietsspezifischen meteorologischen Bedingungen: Die im Stationsgebiet Novolazarevskaja gesammelten Niederschläge stehen im allgemeinen nicht mit dem gesammelten atmosphärischen Wasserdampf in unmittelbarer Beziehung. Sorgfältige Beobachtungen führten zu der einfachen Annahme [6], daß die Niederschläge in einem rund 100 km südöstlich der Schirmacheroase liegenden Gebiet, in dem Jahresmitteltemperaturen um −20 °C herrschen, gebildet und mit dem Bodenwind (katabatische und zyklonale Winde) in der Hauptwindrichtung SE bis ESE in die Oase transportiert werden [7]. Nach [2] besteht zwischen den δD-Werten der Niederschläge und der Jahresmitteltemperatur am Boden folgende global gültige Beziehung:

$$\delta D = 5{,}6 t_a - 100^0/_{00} \qquad (2)$$

Die Station Novolazarevskaja weicht von dieser Linie signifikant ab (Abb. 2). Nach [2] erhält man für den mittleren δD-Wert im Stationsgebiet mit $-225^0/_{00}$ ein zugehöriges Jahresmittel der Temperatur von etwa −22 °C. Derartige Temperaturen findet man aber nicht am Kontinentrand (Stationshöhe um 100 m), sondern im Inneren Antarktikas in Lagen zwischen 1000 und 1500 m NN. Unter Berücksichtigung der Hauptwindrichtung, die zu 90% SE bis ESE ist, ergibt sich ein Niederschlagsbildungsgebiet in südöstlicher Richtung in etwa 100 km Entfernung. Radiosondendaten der Station Novolazarevskaja bestätigen diesen Sachverhalt.

Eine weitere Bestätigung erhält man unter der Annahme, daß der in den Wolken gebildete Schneeniederschlag mit einer Fallgeschwindigkeit von 0,4 m/s den Boden erreicht [4], sowie aus der Kenntnis der Höhe des Kondensationsniveaus, der effektiven Windrichtung und der zugehörigen Windgeschwindigkeit. Aus den einschlägigen Daten von 15 Niederschlagsereignissen ergab sich eine sehr enge Korrelation zwischen dem δD-Wert im Niederschlag und der berechneten Transportstrecke. In Abb. 3 wurde die Entfernung des Niederschlagsbildungsgebietes in südöstlicher Richtung gegen die δD-Werte der entsprechenden Niederschläge aufgetragen. Aus der Regressionsgleichung mit dem Korrelationskoeffizienten $r = 0{,}965$ ergibt sich für den mittleren δD-Wert der Niederschläge eine mittlere Entfernung des Bildungsgebietes von 90 km in der Hauptwindrichtung. Dieses Ergebnis unterstützt gleichfalls die Annahme einer deutlichen örtlichen Trennung zwischen Niederschlagsbildungs- und Niederschlagsauffanggebiet.

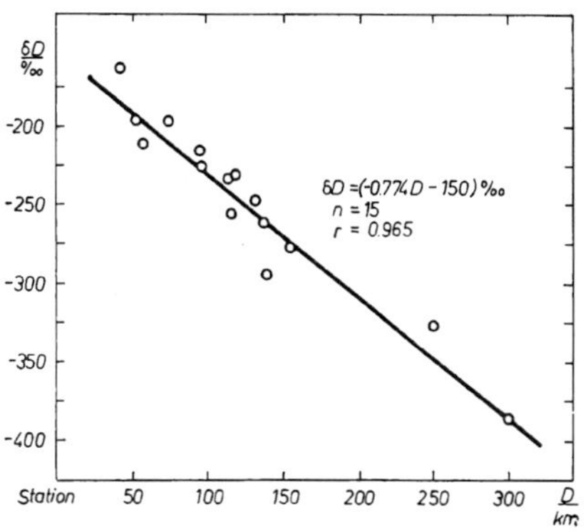

Abb. 3. Abhängigkeit der δD-Werte der Niederschläge von der Entfernung ihres Bildungsgebietes

2. Isotopenglaziologische Untersuchungen

Die Niederschläge werden in Antarktika überwiegend in der Kryosphäre mit allgemein sehr langen Verweilzeiten abgelagert. Die Untersuchung der gegenwärtig ablaufenden meteorologischen Prozesse, insbesondere unter Verwendung von Isotopendaten, ist die Grundlage für isotopenglaziologische und paläoklimatische Forschungen. Neben der für alle Wasserbilanzfragen über Antarktika wichtigen Bestimmung von Akkumulationsraten sind vor allem Aussagen zur Herkunft oder zum Alter von Eiskörpern von Interesse. Das wird durch die jahreszeitenabhängigen Isotopenvariationen im Niederschlag möglich, da diese im akkumulierten Schnee und Eis des Kontinents im Vertikalprofil erhalten bleiben.

An mehreren Eiskernen aus der Umgebung der Schirmacheroase konnten interessante Deuteriumsvariationen nachgewiesen werden [3]. Der überwiegende Teil der Eisdecke des Untersuchungsgebietes repräsentiert mit δD-Werten zwischen −200 und −230‰ erwartungsgemäß junge postpleistozäne „lokale" Niederschlagsverhältnisse mit einem vermutlichen Akkumulationsgebiet bis etwa 10 km nach Süden, was Höhenlagen zwischen 400 und etwa 700 m entspricht. Diese Eisschicht fließt, dem Gefälle des subglazialen Untergrundes folgend, mit einer Geschwindigkeit zwischen 5 ... 1m/Jahr nach Norden und erreicht etwa 2 km vor der Schirmacheroase bei 400 m NN den dortigen Ablationsgürtel. Von hier ab schwindet die Eisdecke bis auf weniger als 50 m Dicke. Sie wird am Südrand der Oase an ihrer Basis von einer 5–20 m mächtigen, überwiegend feinstes Moränenmaterial führenden, charakteristischen Eisschicht unterlagert. Die δD-Werte dieser Zone liegen zwischen −290 und −344‰, was auf ein hochgelegenes Bildungsgebiet mit einer Jahresmitteltemperatur von −35 °C bis −45 °C hinweist [2]. Für die damit verbundene küstenferne Herkunft des Eises spricht auch der niedrige Chloridwert von 0,2 mg/l, während im Akkumulationsgebiet unmittelbar südlich der Schirmacheroase etwa fünffach höhere Konzentrationen gemessen wurden. Da sowohl das Fließverhalten als auch die Struktur des Eises einen direkten Zufluß vom Wegener-Inlandeis (Höhenlagen ab 2000 m NN) während des Postpleistozäns ausschließt, müssen diese ungewöhnlich negativen Delta-Werte wie folgt interpretiert werden:

- Der Eiskörper ist ein Relikt der spätpleistozänen Eisdecke.
- Das Akkumulationsgebiet muß in der Umgebung des etwa 100 km südlich liegenden Wohlthat-Massivs gelegen haben.
- Die während des Pleistozäns akkumulierten Niederschläge hatten δ-Werte um −300‰, weil
  - das Akkumulationsgebiet einige Hundert Meter höher lag als heute und folglich mehrere Grad niedrigere Temperaturen hatte;
  - wegen einer breiteren Packeis- und Eisschelfzone kontinentalere Klimabedingungen herrschten und sich dies auf die isotopische Zusammensetzung (größerer Kontinentaleffekt) auswirkte.

Vor etwa 14000 Jahren setzte in der Ostantarktis ein Temperaturanstieg um mindestens 5 K im Jahresmittel ein. In dessen Folge erhöhte sich die Fließgeschwindigkeit, und die Ablation nahm im Randbereich deutlich zu. Die ostantarktische Eisdecke reduzierte sich dadurch in ihrem Niveau vor allem am Kontinentrand. Von der ursprünglichen Eisdecke blieben nur noch bescheidene Reste an geeigneten Stellen des stark gewellten Subglazialreliefs erhalten. Sie fließen heute mit einer Geschwindigkeit von etwa 1 m/a nach Norden ab und werden von postpleistozänem Eis ortsnaher Entstehung überlagert (Abb. 4).

3. Oberflächengewässer in der Schirmacheroase

Ein weiterer Abschnitt des Wasserkreislaufes im Gebiet ist das auf dem Antarktischen Kontinent nur selten vorkommende flüssige Wasser: Schmelzwasser in Rinnsalen und Bächen und eine große Zahl wassergefüllter Seenbecken.

Seenuntersuchungen liegen im ostantarktischen Küstenabschnitt von den Oasen Molodjoshnaja und Schirmacher vor. Die sowjetischen Forschungen befaßten sich hauptsächlich mit klassischen physikalischen, chemischen sedimentologischen, beckenmorphologischen und biologischen Untersuchungen [9]. Isotopenhydrologische Untersuchungen wurden erst seit 1978 angestellt [8]. Sie sind ein Beitrag zur Charakterisierung der nichtmineralisierten antarktischen Seen, die bisher kaum Beachtung gefunden hatten. Die Deuterium- oder Sauerstoff-18-Variationen können Auskünfte über die Einspeicherung von Schmelzwässern unterschiedlicher Herkunft, z.B. unter isothermen

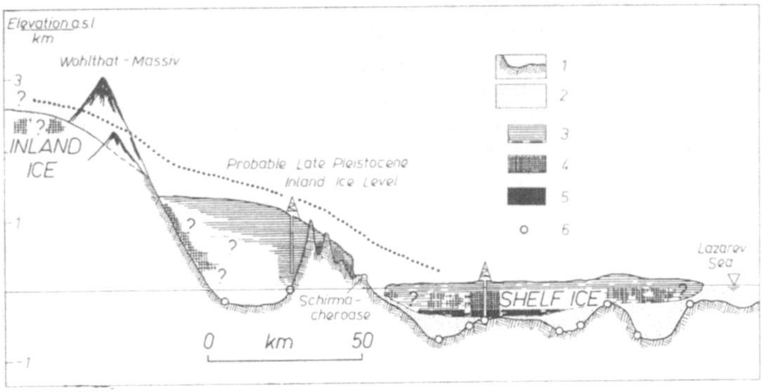

Abb. 4. Klassifikation der Eiskörper im Gebiet der Schirmacheroase und ihrer Umgebung mit Hilfe von Isotopendaten (Profil etwa 20° Ost in Richtung S – N)

1 – subglaziale bzw. submarine Geländeoberkante; 2 Meereswasser; 3 – Firn/Eis, $\delta D > -250‰$, $\delta^{18}O > -32‰$, $t > -33$ °C; 4 – Inland- und Schelfeis, δD $-280 \ldots -330‰$, $\delta^{18}O$ $-36 \ldots -42‰$, t $-38 \ldots -45$ °C; 5 – Basis des Schelfeises δD $-350 \ldots -410‰$, $\delta^{18}O$ $-44 \ldots -50‰$, t $-50 \ldots -59$ °C; 6 – geophysikalischer Sondierungspunkt

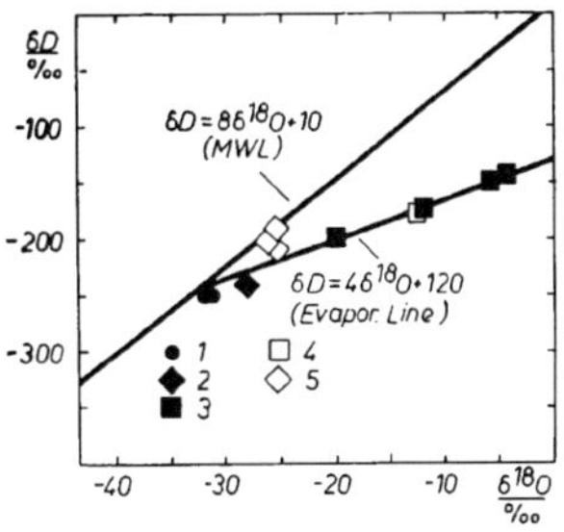

Abb. 5. δD-$\delta^{18}O$-Beziehung verschiedener Seen der Schirmacheroase

1 – Ozhidanija; 2 – Zub; 3 – Zerkal'noe; 4 – Krasnoe; 5 – Taloe

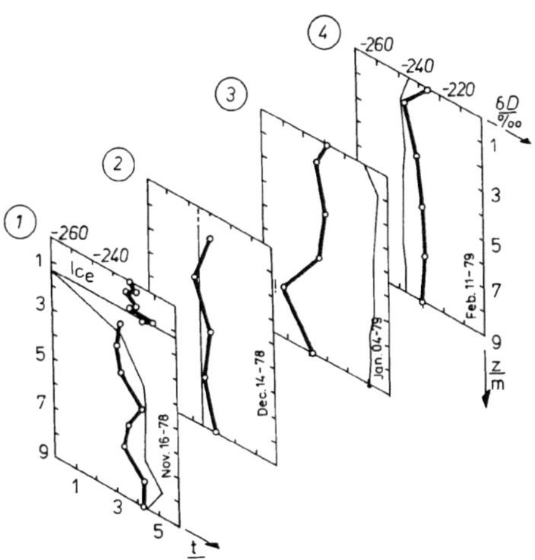

Abb. 6. δD- und Temperaturschwankungen im See Pomornika (Schirmacheroase). Die „limnologischen" Jahreszeiten drängen sich im wesentlichen auf die drei polaren Sommermonate zusammen:

1 – Winterzustand; geringe D-Variation (dick), Epi- und Hypolimnion (Temperaturlinie dünn); 2 – Frühling: Isothermie und Mischung; 3 – Sommer: Wasser isotherm, $t > 5$ °C, δD-Peak bei $-260‰$; 4 – Herbst: Auskühlung, Vollzirkulation

Verhältnissen geben. Auch sind derartige Messungen geeignet, um neben der Kenngröße der Temperatur die Zirkulations- und Stagnationsphasen in Abhängigkeit von Seentyp und Eisbedeckung zu studieren. Durch die gleichzeitige Messung der δD- und $\delta^{18}O$ Werte lassen sich die Anteile von Zufluß, Seewasser und Verdunstung ermitteln. Die $\delta D - \delta^{18}O$-Korrelation frischer, nicht verdunsteter Niederschläge folgt im Mittel der mathematischen Beziehung

$$\delta D = 8\delta^{18}O + 10 \tag{3}$$

[1, 5]. Die Gerade wird als „Meteoric Water Line" (MWL) bezeichnet. Weichen Seewässer von dieser Linie merklich ab, sind sie verdunstungsbeeinflußt.

Kann man einen evaporierenden Seewasserkörper in bestimmten Abständen beproben und die δD- und $\delta^{18}O$-Werte ermitteln, so läßt sich der Verdunstungsgrad sowie durch Extrapolation die isotopische Zusammensetzung des Ausgangswassers berechnen. Die Beprobung verschiedener Seen der Schirmacheroase ergab für die δD- und $\delta^{18}O$-Werte das folgende Bild (Abb. 5).

Der See Pomornika (nur δD-Werte, Abb. 6) zeigt den zunehmenden Einfluß von Schmelzwässern des Inlandeisrandes mit relativ negativen δD-Werten. Sie variieren zwischen -230 und $-246‰$, letzterer offensichtlich ein Ausdruck für höhere Mischungsanteile spätpleistozäner Basiseises.

Das Volumen des Glubokoe ist so groß, daß kaum Veränderungen in den δD-Werten erkennbar sind. Das Mittel liegt bei $-230‰$.

Der See Zub zeigt ein ähnliches Verhalten wie der See Pomornika, die zusätzlich vorliegenden $\delta^{18}O$-Werte weisen aber auf deutliche Verdunstungseinflüsse hin.

Bei den kleinen Seenbecken von Zerkal'noe und Krasnoe sind die deutlichen Verdunstungseinflüsse als Ausdruck der Bedingungen innerhalb der umgebenden polaren Felswüste hervorzuheben.

Im $\delta D - \delta^{18}O$-Diagramm liegen die Wertepaare auf einer Geraden mit der Neigung von etwa 4, was die ständigen Verdunstungseinflüsse eindeutig beweist. Der Schnitt der Eindunstungsgeraden mit der „Meteoric Water Line" liefert die für die Gewässer gültigen mittleren δD-Werte der Niederschläge und des Eises als Input mit etwa $-220‰$ und für $\delta^{18}O$ mit etwa $-30‰$ [9, 10].

Die Isotopenuntersuchungen beweisen, daß sich im untersuchten Gebiet die einzelnen Reservoire des Wasserkreislaufes trotz ihrer teilweise komplizierten raumzeitlichen Struktur mit Hilfe der bekannter Gesetzmäßigkeiten, die die Isotopenvariationen bedingen, sinnvoll verknüpfen lassen.

Eingegangen am 16. 9. 1985
Überarbeitete Fassung am 11. 10. 1985

Literatur

[1] *H. Craig*, Science **133** (1961) 1702
[2] *W. Dansgaard*, Tellus **16** (1964) 4, 436
[3] *W.-D. Hermichen, P. Kowski, G. Strauch*, ZfI-Mitt. Nr. 85 (1984) 156

[4] *K. Higuchi*, Proc. of the Fourth Sympos. on Polar Meteorol. and Glaciol., Nat. Inst. Polar Res., Tokyo, Spec. Issue No. 24 (1982)
[5] IAEA – Tech. Rep. Series No. 210: Stable Isotope Hydrology, Deuterium and Oxygen 18 in the Water Cycle. Vienna 1981
[6] *P. Kowski*, ZfI-Mitt. Nr. 85 (1984) 278
[7] *P. Kowski, R. Höfling*, Geod. Geophys. Mitt., R I (1986) (in Vorber.)
[8] *M. Majoube*, J. Chim. Phys. **197** (1971) 1423
[9] *W. Richter, U. Wand, G. Strauch, P. Kowski, W. Kurze*, ZfI-Mitt. Nr. 85 (1984) 316
[10] *I. M. Simonov*, Oazisy Vostočnoj Antarktidy. Leningrad, Gidrometeoizdat 1971

Isotopenpraxis 22 (1986) 4, S. 144 bis 149

Neue Methode zur Auswertung von Folgereaktionen 1. Ordnung unter Einbeziehung von Isotopieeffekten

H. Hübner

(Zentralinstitut für Isotopen- und Strahlenforschung Leipzig der Akademie der Wissenschaften der DDR)[1])

Herrn Prof. Dr.-Ing. *Justus Mühlenpfordt* zum 75. Geburtstag gewidmet

Es werden Gleichungen für die Änderungen der isotopen Zusammensetzung im natürlichen Bereich des Ausgangsstoffes und des Zwischenproduktes abgeleitet, wie sie sich bei Folgereaktionen 1. Ordnung ergeben. An einigen Beispielen werden die erhaltenen Gleichungen diskutiert und ihre Anwendungsmöglichkeit gezeigt. Insbesondere bei umweltchemischen Umwandlungsprozessen dürften diese Ableitungen bedeutungsvoll sein, wie es am Beispiel eines Düngeversuches dargestellt werden konnte.

Equations are derived for the description of changes in the isotopic composition of initial substances and intermediate products appearing at consecutive reactions of 1st order. For illustration some examples are given. In particular at environmental transformations of substances these equations should be important as shown by way of example of a fertilizer experiment.

Keywords

fertilizers; isotope dilution; isotope effects; isotope ratio; nitrogen 15; reaction kinetics; soils

In der chemischen Kinetik können Reaktionsfolgen auftreten, bei welchen ein sich bildendes Zwischenprodukt weiter reagiert und erst dann zum Endprodukt umgewandelt wird. In der organischen Chemie tritt dieser Fall bei bifunktionellen Umwandlungen auf, beispielsweise wenn ein Dicarbonsäureester hydrolysiert wird, der als Zwischenprodukt den Monoester der Dicarbonsäure hat.

$$H_3COOC(CH_2)_nCOOCH \xrightarrow[OH^-]{k_1} HOOC(CH_2)_nCOOCH_3 + CH_3OH$$

$$HOOC(CH_2)_nCOOCH_3 \xrightarrow[OH^-]{k_2} HOOC(CH_2)_nCOOH + CH_3OH$$

Bei einem genügenden Überschuß an OH^--Ionen kann diese Reaktion als Reaktion pseudo-1. Ordnung angenommen werden, und es können leicht die entsprechenden reaktionskinetischen Gleichungen formuliert werden [1–3].

Allgemein gilt dann

$$A \overset{k_1}{\to} B \overset{k_2}{\to} C$$

und als Differentialgleichungen

$$\frac{d[A]}{dt} = -k_1[A] \tag{1}$$

$$\frac{d[B]}{dt} = k_1[A] - k_2[B] \tag{2}$$

$$\frac{d[C]}{dt} = k_2[B] \quad (3($$

mit den bekannten Lösungen

$$[A] = [A]_0 \cdot e^{-k_1 t} \tag{4}$$

$$[B] = [B]_0 e^{-k_2 t} + \frac{k_1[A]_0}{k_2 - k_1}(e^{-k_1 t} - e^{-k_2 t}) \tag{5}$$

$$[C] = [C]_0 + [A]_0(1 - e^{-k_1 t}) + [B]_0 \times \left[1 - e^{-k_2 t} - \frac{[A]_0/[B]_0}{1 - \frac{k_1}{k_2}}(e^{-k_2 t} - e^{-k_1 t})\right] \tag{6}$$

Im allgemeinen wird zum Zeitpunkt $t = 0$ $[A] = [A]_0$ sein, aber $[B]_0 = 0$ und $[C]_0 = 0$ sein.

Der zeitliche Verlauf von [B] durchläuft ein Maximum bei

$$t_{max} = \frac{\ln \frac{k_2}{k_1}}{k_2 - k_1}, \tag{7}$$

dem logarithmischen Mittelwert der beiden Geschwindigkeitskonstanten k_1 und k_2. Gleichung (7) läßt auch erkennen, daß $k_1 \neq k_2$ sein kann, da sonst der Ausdruck unbestimmt wird.

Betrachtet man den Verlauf solcher Folgereaktionen 1. Ordnung in bezug auf ihre natürliche isotope Zusammensetzung, also unter Beachtung von kinetischen Isotopieeffekten, so können folgende Reaktionsgleichungen formuliert werden

$$\frac{d[A]}{dt} = -k_1[A] \tag{8}$$

$$\frac{d[A']}{dt} = -k_1'[A'], \tag{9}$$

[1]) Anschrift: DDR-7050 Leipzig, Permoserstraße 15

wobei A′ das jeweils leichtere Nuklid und A das schwerere Nuklid bedeuten sollen, entsprechend auch k und k' die Reaktionsgeschwindigkeitskonstanten, mit der das leichtere bzw. das schwerere Nuklid reagieren sollen. Führt man noch die Abkürzung $k'/k = \beta$ und $\left(\frac{1}{\beta} - 1\right) = \varepsilon$ ein, ferner

$$R_{A_f} = \frac{[A]}{[A']} \quad \text{und} \quad R_{A_0} = \frac{[A]_0}{[A']_0},$$

so kann abgeleitet werden, daß

$$\varepsilon \cdot \ln \frac{[A']}{[A']_0} = \ln \frac{R_{A_f}}{R_{A_0}} \quad \text{ist}, \tag{10}$$

d. h., es wird A als Substrat oder Edukt betrachtet, und man fragt nach der Konzentration dieses Substrates, nachdem ein gewisser Teil umgesetzt wurde (Substratanalyse). Da der Umsetzungsgrad f in der chemischen Kinetik häufig eingeführt wird, so daß

$$f = \frac{\text{gebildetes Produkt}}{\text{Ausgangsstoff}} = \frac{[X]}{[A]_0} = \frac{[A]_0 - [A]_f}{[A]_0}$$

ist, kann Gleichung (10) unter Beachtung der isotopen Zusammensetzung noch weiter vereinfacht werden.

Mit

$$R_{X_f} = \frac{[X]}{[X']} \quad \text{wird} \quad f = \frac{[X'](1 + R_{X_f})}{[A']_0(1 + R_{A_0})} \tag{11}$$

und

$$1 - f = \frac{[A] + [A']}{[A]_0 + [A']_0} = \frac{[A'](1 + R_{A_f})}{[A']_0(1 + R_{A_0})}. \tag{12}$$

Gleichung (10) erhält dann die Gestalt

$$\varepsilon \cdot \ln \left[(1 - f)\frac{1 + R_{A_0}}{1 + R_{A_f}}\right] = \ln \frac{R_{A_f}}{R_{A_0}} \tag{13}$$

und Gleichung (11) auf das Produkt X bezogen die Gestalt

$$\varepsilon \cdot \ln \left[1 - f\frac{1 + R_{A_0}}{1 + R_{X_f}}\right] = \ln \left[1 + \frac{R_{A_0} - R_{X_f}}{R_{A_0}} \frac{f}{1 - f}\right]. \tag{14}$$

Diese Gleichungen, die bereits mehrfach in der Literatur abgeleitet wurden [4, 5], erhalten im natürlichen Bereich der isotopen Zusammensetzung eine wesentliche Vereinfachung, da jeweils

$$1 \gg R_{A_0}, \qquad 1 \gg R_{X_f}, \qquad 1 \gg R_{A_f}.$$

Dies gilt für die Elemente Wasserstoff, Kohlenstoff, Stickstoff, Sauerstoff und Schwefel, da R_{A_0} beispielsweise für die genannten Elemente A_0 die Werte 0,00015; 0,011; 0,0037; 0,002 und 0,04 annimmt. Damit nehmen die Gleichung (13) und (14) die verhältnismäßig einfachen Formen

$$\ln R_{A_f} = \varepsilon \cdot \ln (1 - f) + \ln R_{A_0} \tag{15}$$

und

$$\varepsilon \cdot \ln (1 - f) = \ln \left(1 + \frac{R_{A_0} - R_{X_f}}{R_{A_0}} \cdot \frac{f}{1 - f}\right) \tag{16}$$

an.

Gleichung (16) kann noch in bezug auf R_{X_f}, das Isotopenverhältnis im gebildeten Produkt, aufgelöst werden, so daß

$$R_{X_f} = \frac{R_{A_0}}{f}[1 - (1 - f)^{1/\beta}] \tag{17}$$

ist oder, wenn der kinetische Isotopieeffekt ermittelt werden soll, dann

$$\beta = \frac{\ln (1 - f)}{\ln \left(1 - \frac{f \cdot R_{X_f}}{R_{A_0}}\right)}. \tag{18}$$

Unter Verwendung der δ-Schreibweise in Promille, wonach

$$\delta = \left(\frac{R_{\text{Probe}}}{R_{\text{Standard}}} - 1\right) \cdot 10^3$$

ist, nehmen die Gleichungen auch die Gestalt

$$\ln (1 + 10^{-3}\delta A_f) = \varepsilon \cdot \ln (1 - f) + \ln (1 + 10^{-3}\delta A_0) \tag{19}$$

für die Substratanalyse und

$$1 + 10^{-3}\delta X_f = \frac{1 + 10^{-3}\delta A_0}{f}[1 - (1 - f)^{1/\beta}] \tag{20}$$

für die Produktanalyse an. Es sei vermerkt, daß sich in beiden Fällen — Produkt- und Substratanalyse — die jeweiligen gewählten Standards R_{Standard} herauskürzen, so daß auch für verwendete Arbeitsstandards in der massenspektrometrischen Präzisionsisotopenanalyse direkt die jeweiligen Analysenwerte in der δ-Schreibweise verwendet werden können.

Erwähnenswert ist, daß beispielsweise die Gleichung (18) auch *Stevens/Attree*-Gleichung genannt wird, da sie von diesen Autoren 1949 [6] abgeleitet wurde. Speziell für die Auswertung von Versuchen mit radioaktiv markierter Verbindung (^{14}C) wurden sowohl berechnete Kurvenscharen [7] als auch weitere spezielle Ableitungen beschrieben [8].

Die Gleichung (17) für die Produktanalyse läßt sich noch weiter vereinfachen bzw. verändern. Nach Gleichung (11) und (12) ist

$$f = \frac{X}{A_0} \quad \text{und} \quad 1 - f = \frac{A_f}{A_0}.$$

A_f ist aber auch

$$A_f = A_0 \cdot e^{-kt},$$

also

$$1 - f = e^{-kt} \quad \text{und}$$

$$f = 1 - e^{-kt}.$$

Berücksichtigt man diese Beziehungen für eine Kinetik 1. Ordnung, so nimmt Gleichung (17) die Form

$$R_{X_f} = \frac{R_{A_0}}{1 - e^{-kt}} (1 - e^{-kt/\beta}) \tag{21}$$

an. Eine ähnliche Umformung führt bei der Substratanalysegleichung (15) zu

$$R_{A_f} = R_{A_0} \cdot e^{\left(\frac{\beta - 1}{\beta}\right) \cdot kt} \tag{22}$$

Wenn aber bei Folgereaktionen 1. Ordnung in bezug auf das Zwischenprodukt dieses einmal als Produkt (bei seiner Bildung aus A) und dann als Substrat (bei seiner Umwandlung zu C) fungiert, so können beide Gleichungen (21) und (22) miteinander verbunden werden, indem R_{A_0} von Gleichung (22) zum R_{X_f} von Gleichung (21) wird, und man erhält:

$$R_{A_f} = \underbrace{\frac{R_{A_0}}{1 - e^{-k_1 t}}\left(1 - e^{\frac{-k_1 \cdot t}{\beta_1}}\right)}_{\text{Produktterm}} \cdot \underbrace{e^{\frac{\beta_2 - 1}{\beta_2} \cdot k_2 t}}_{\text{Substratterm}} \tag{23}$$

oder in der δ-Schreibweise etwas komplizierter:

$$1 + 10^{-3}\delta A_f = \frac{1 + 10^{-3}\delta A_0}{1 - e^{-k_1 t}}\left(1 - e^{-\frac{k_1 t}{\beta_1}}\right) \cdot e^{\frac{\beta_2 - 1}{\beta_2} \cdot kt}. \tag{24}$$

Gleichung (24) kann überall dort angewendet werden, wo eine Verfolgung der isotopen Änderung eines Zwischenproduktes interessant ist. In der Biochemie, wo als Zwischenprodukt der Enzym-Substrat-Komplex nach der Art

$$E + S \rightleftharpoons [E \dots S] \rightarrow E + P$$

vorliegt (E = Enzym, S = Substrat, P = Produkt), kann bei der Ableitung der kinetischen Gleichung i. allg. die *Bodenstein*-Näherung angewendet werden, d. h., man setzt die zeitliche Änderung von $d[E \dots S]/dt = 0$. Ähnliches gilt auch bei Kettenreaktionen, wie sie bei der Polymerisation, der Chlorierung und der Autoxidation vorliegen.

Ein fiktives Beispiel soll den Verlauf der δ-Werte bei einer Hydrolyse eines Dicarbonsäuremethylesters zeigen. Als kinetischer Isotopieeffekt wurde ein $^{12}C/^{13}C$-Effekt bei der Hydrolyse von 1,04 angenommen, in Anlehnung an einen solchen Isotopieeffekt bei der Hydrolyse von Benzoesäuremethylester in Wasser bei 25 °C, der 1,043 ±0,003 [9] beträgt. Für den Monomethylester (MME) würde also Gleichung (24) zu formulieren sein

$$R_{\mathrm{MME}} = \frac{(R_{\mathrm{DME}})_0}{1 - e^{-k_1 t}} \left(1 - e^{\frac{-k_1 t}{\beta_1}}\right)\left(e^{\frac{\beta_2 - 1}{\beta_2} \cdot k_2 t}\right),$$

wobei als Reaktionsfolge

$$\mathrm{DME} \underset{\beta_1}{\overset{k_1}{\rightarrow}} \mathrm{MME} \underset{\beta_2}{\overset{k_2}{\rightarrow}} \mathrm{DCS}$$

angesetzt wird (DME = Dimethylester, DCS = Dicarbonsäure).

Setzt man für $(R_{\mathrm{DME}})_0 = 1 + 10^{-3}\delta A_0 = 0{,}975$ mit $\delta A_0 = -25‰$ ein, für $k_1 = 10$, $k_2 = 1$ und $\beta_1 = \beta_2 = 1{,}04$, so ergeben sich folgende δ-Werte (Tab. 1):

Tab. 1. δ-Werte bei der Hydrolyse des Dicarbonsäuremethylesters ($k_1 = 10$; $k_2 = 1$; $\beta_1 = \beta_2 = 1{,}04$)

Zeit t	$\delta^{13}C_{\mathrm{MME}}$	$\delta^{13}C_{\mathrm{DME}}$
0,0001	−62,48	−24,99
0,001	−62,28	−24,96
0,01	−60,36	−24,62
0,1	−43,58	−21,24
0,2	−29,77	−17,47
0,3	−20,00	−13,68
0,4	−12,96	− 9,88
0,5	− 7,50	− 6,07
0,6	− 2,88	− 2,24
0,7	+ 1,32	+ 1,60
0,8	+ 5,34	+5,47
0,9	+ 9,29	+ 9,34
1,0	+13,21	+13,23
1,2	+21,05	+21,05
1,4	+28,94	+28,94
1,6	+36,88	+36,88
1,8	+44,89	+44,89
2,0	+52,96	+52,95

In der Abb. 1 sind die δ-Werte in Abhängigkeit von der Zeit dargestellt.

Setzt man fiktiv einen inversen kinetischen Isotopieeffekt beim ersten Reaktionsschritt voraus, so ergeben sich folgende δ-Werte (Tab. 2), die auch in Abb. 1 mit eingezeichnet sind.

In Abb. 2 sind noch die Kurven mit den Parametern $k_1 = 10, k_2 = 1, \beta_1 = 1{,}04, \beta_2 = \frac{1}{1{,}04}$; $k_1 = 1, \beta_1 = \frac{1}{1{,}04}$, $k_2 = 10$, $\beta_2 = 1{,}04$; $k_1 = 1$, $\beta_1 = 1{,}04$, $k_2 = 10$, $\beta_2 = 1{,}04$ und $k_1 = 1$, $\beta_1 = 1{,}04$, $k_2 = 10$, $\beta_2 = \frac{1}{1{,}04}$ dargestellt.

Bedeutsamer dürfte die Anwendung der Beziehung (24) bei der Auswertung von umweltchemischen Problemen sein, beispielsweise bei der Umwandlung von Dünge-

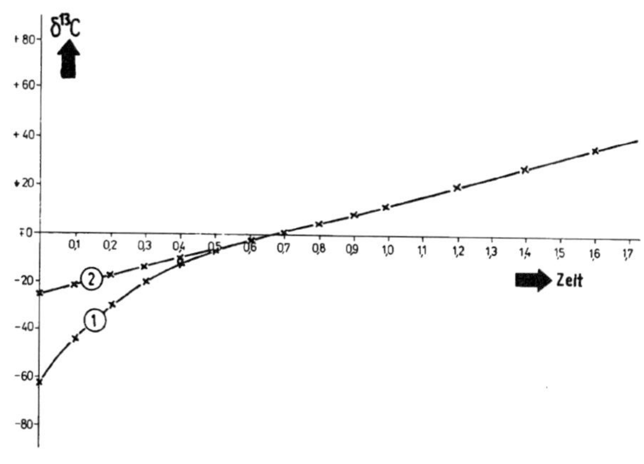

Abb. 1. $\delta^{13}C$-Werte einer fiktiv angenommenen Hydrolyse eines Dicarbonsäureesters

① – $\delta^{13}C_{\mathrm{MME}}$ (Monomethylester); ② – $\delta^{13}C_{\mathrm{DME}}$ (Dimethylester) – beide mit $k_1 = 10$; $k_2 = 1$; $\beta_1 = \beta_2 = 1{,}04$

Tab. 2. δ-Werte bei einer Folgereaktion 1. Ordnung mit $k_1 = 10$, $k_2 = 1$, $\beta_1 = \frac{1}{1{,}04}$ und $\beta_2 = 1{,}04$

Zeit t	$\delta^{13}C$ (Zwischenprodukt)	$\delta^{13}C$ (Ausgangsstoff)
0,0001	+13,98	−24,99
0,001	+13,84	−24,96
0,01	+12,40	−24,62
0,1	+ 1,09	−21,24
0,2	−5,65	−17,47
0,3	− 7,84	−13,68
0,4	− 7,15	− 9,88
0,5	− 4,84	− 6,07
0,6	− 1,71	− 2,24
0,7	+ 1,83	+ 1,60
0,8	+ 5,56	+ 5,46
0,9	+ 9,38	+ 9,34
1,0	+13,24	+13,23
1,2	+21,06	+21,05
1,4	+28,94	+28,94
1,6	+36,88	+36,88
1,1	+44,89	+44,89
2,0	+52,96	+52,96

mitteln in der Bodenzone u. ä. m. Bei einer Analyse eines Feldversuches von *A. Feigin* et al. [10] aus dem Jahre 1974 wurde folgendes Modell angewendet (eine ausführliche Darstellung findet sich in [11]):

$$NH_3 \overset{k_1}{\rightarrow} NO_3^- \overset{k_2}{\rightarrow} N^*, \tag{25}$$

wobei NH_3 in flüssiger Form auf ein Feld in Illinois aufgebracht wurde und sowohl die NH_4^+-N- und die NO_3^--N-Menge als auch die entsprechenden $\delta^{15}N$-NH_4^+- und $\delta^{15}N$-NO_3^--Werte zeitlich verfolgt wurden. Hier soll N* den Stickstoff in der Pflanze (durch Assimilation aufgenommen) und auch den Nitratverlust durch Auswaschung (leaching) aus der Bodenzone bedeuten. In Abb. 3–5 werden die Zusammenhänge dargestellt. Eine genaue Auswertung der Versuchsdaten ergab die notwendigen kinetischen Parameter mit

$$C_{A_0} = (NH_4^+\text{-N})_0 = 46{,}4667\ \mathrm{mg \cdot kg^{-1}}$$

$$k_1 = 0{,}041\,772 \cdot d^{-1} (\tau_{1/2} = 16{,}593\ d)$$

$$k_2 = 0{,}022\,663 \cdot d^{-1} (\tau_{1/2} = 30{,}585\ d)$$

$$(NO_3^-\text{-N})_{max} = 22{,}5\ \mathrm{mg \cdot kg^{-1}}$$

$$t_{max} = 32\ d$$

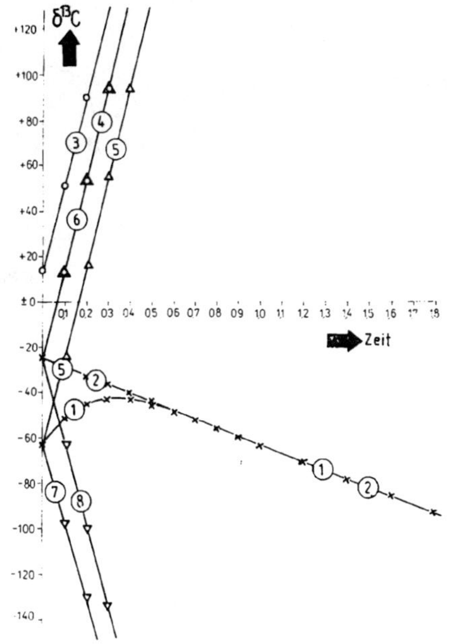

Abb. 2. $\delta^{13}C$-Werte einer fiktiv angenommenen Hydrolyse einer bifunktionellen Verbindung
① – —×— – $\delta^{13}C$-Zwischenverbindung; ② – —×— – $\delta^{13}C$-Ausgangsstoff – beide mit $k_1 = 10$; $k_2 = 1$; $\beta_1 = \frac{1}{1{,}04}$; $\beta_2 = 1{,}04$;
③ —○— – $\delta^{13}C$-Zwischenverbindung; ④ – —○— – $\delta^{13}C$-Ausgangsstoff – beide mit $k_1 = 10$; $k_2 = 1$; $\beta_1 = 1{,}04$; $\beta_2 = \frac{1}{1{,}04}$;
⑤ —△— – $\delta^{13}C$-Zwischenverbindung; ⑥ – —△— – $\delta^{13}C$-Ausgangsstoff – beide mit $k_1 = 1$; $k_2 = 10$; $\beta_1 = \frac{1}{1{,}04}$; $\beta_2 = 1{,}04$;
⑦ – —▽— – $\delta^{13}C$-Zwischenverbindung; ⑧ – —▽— – $\delta^{13}C$-Ausgangsstoff – beide mit $k_1 = 1$; $k_2 = 10$; $\beta_1 = 1{,}04$; $\beta_2 = \frac{1}{1{,}04}$

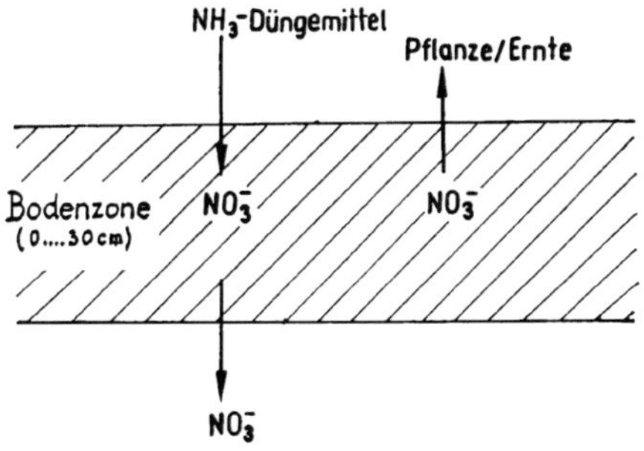

Abb. 3. Schematische Darstellung der Umwandlung von NH_3 in der Bodenzone

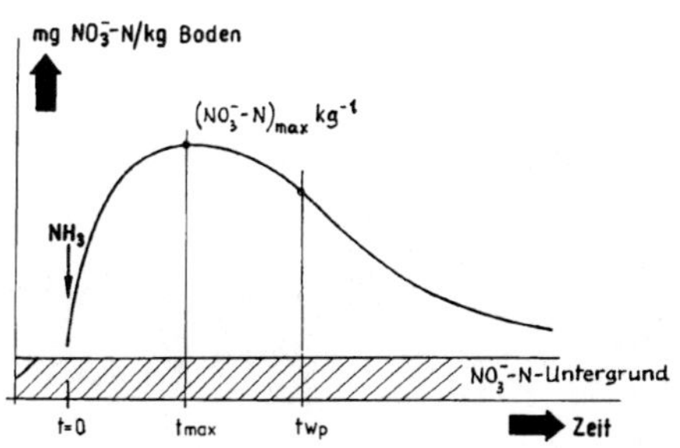

Abb. 4. Schematische Darstellung des zeitlichen Verlaufs einer stofflichen Umwandlung in der Bodenzone

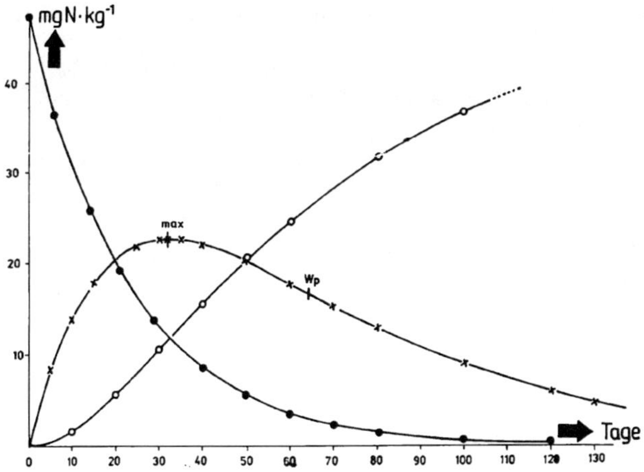

Abb. 5. Schematische Darstellung einer Umwandlung von NH_4^+ in NO_3^- und Assimilation bzw. Auswaschung des NO_3^- in der Bodenzone unter der Annahme einer Folgereaktion 1. Ordnung
—●— – (NH_4^+-N); —○— – (N-Produkte); —×— – (NO_3^--N)

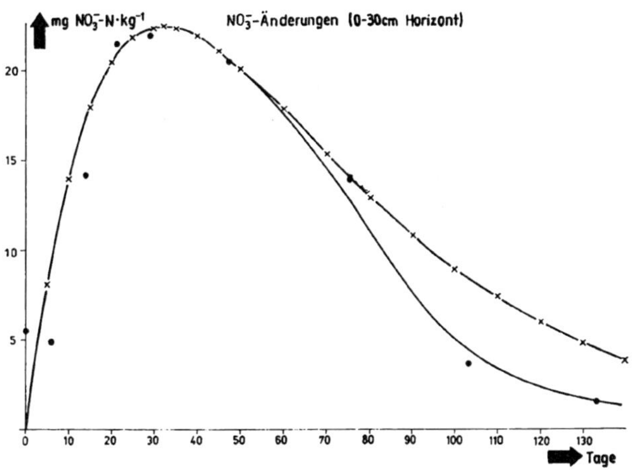

Abb. 6. Zeitlicher Verlauf der stofflichen Umwandlung von NH_3 als Düngemittel nach einem Feldversuch von *A. Feigin* et al. [10]
—×— – berechnet mit $t_{max} = 32$ d und $(NO_3^-\text{-N})_{max} = 22{,}5$ mg × kg⁻¹; —●— – gefunden

in der Bodenzone von 0 ... 30 cm Tiefe. Die damit berechnete NO_3^--N-Änderung mit der Zeit ist in Abb. 6 zu sehen.

Während dieser Prozesse erfährt die isotope Zusammensetzung des Stickstoffs durch die Wirkung verschiedener Isotopieeffekte eine laufende Veränderung. Folgendes Bild wurde zugrunde gelegt:

$$\overline{NH_4^+} \underset{\alpha_2}{\leftarrow\!\!\rightarrow} NH_4^+ \;(\overset{\alpha_1}{\rightleftharpoons} NH_3)\; \xrightarrow{\beta_1} \ldots (NO_2^-) \ldots \xrightarrow{\beta_2} NO_3^- \begin{cases} \xrightarrow{\beta_4} \text{Assimilation} \\ \xrightarrow{\alpha_3} NO_3^-\text{-Verlagerung (leaching)} \end{cases}$$

$$\beta_1 \cdot \beta_2 = \beta_3 \qquad \beta_4 \cdot \alpha_3 = \beta_5$$

wobei bedeuten sollen

α_1 = thermodynamischer Isotopieeffekt zwischen NH_4^+/NH_3
α_2 = thermodynamischer Isotopieeffekt des Ionenaustausches (Adsorption) von NH_4^+ in der Bodenzone
β_1 = kinetischer Isotopieeffekt der Nitritifikation (NH_4^+ zu NO_2^--*Nitrosomonas* spp.)

β_2 = kinetischer Isotopieeffekt der Nitratifikation (NO_2^- zu NO_3^--*Nitrobacter* spp.)
β_3 = gesamt-kinetischer Isotopieeffekt der Nitrifikation
β_4 = kinetischer Isotopieeffekt der N-Assimilation durch Pflanzen
α_3 = thermodynamischer Isotopieeffekt des NO_3^- bei der Verlagerung (Ionenaustausch, Adsorption)
β_5 = gesamt-kinetischer-Isotopieeffekt der NO_3^--Verluste.

Aus den Versuchsdaten wurden für den α_2-Wert durch Korrelation 1,00764 und ein $\delta^{15}N\text{-}NH_4^+ = +3{,}227\,‰$ ermittelt ($r = -0{,}8065$).

Für die weitere Auswertung wurden folgende Werte ermittelt:

$\beta_3 = 1{,}015$ (aus einer Zusammenstellung [12])
$\alpha_2 = 1{,}007$ [13]
$\beta_4 = 1{,}00025$ [12]
$\alpha_3 = 1{,}0047$ [12]
$\beta_5 = \alpha_3 \cdot \beta_4 = 1{,}00425$.

Damit erhält man

$$1 + 10^{-3}(\delta^{15}N\text{-}NO_3^-)_f = \frac{1 + 10^{-3}\delta A_0}{1 - e^{-k_3 t}}\left(1 - e^{-\frac{k_3 t}{\beta_3}}\right)\cdot e^{\frac{\beta_5 - 1}{\beta_5}\cdot t} \qquad (26)$$

in Analogie zu Gleichung (24). Die Berechnung nach dieser Gleichung ergibt Abb. 7 und, wie leicht erkennbar ist, keine Übereinstimmung mit den gefundenen $\delta^{15}N\text{-}NO_3^-$-Werten nach [10]. Der Grund liegt in einer Nichtberücksichtigung des Untergrundes, eines Grundwertes oder *pools* an NO_3^--N, der sozusagen unangetastet bleibt. Dieser Wert wurde aus den Daten ermittelt, die vor der Düngung mit NH_3 analysiert wurden; es wurden gefunden:

$$6{,}53 \pm 1{,}58 \text{ mg } NO_3^-\text{-N} \cdot kg^{-1} \quad \text{und}$$
$$\delta^{15}N\text{-}NO_3^- = (+2{,}04 \pm 1{,}47)\,‰ .$$

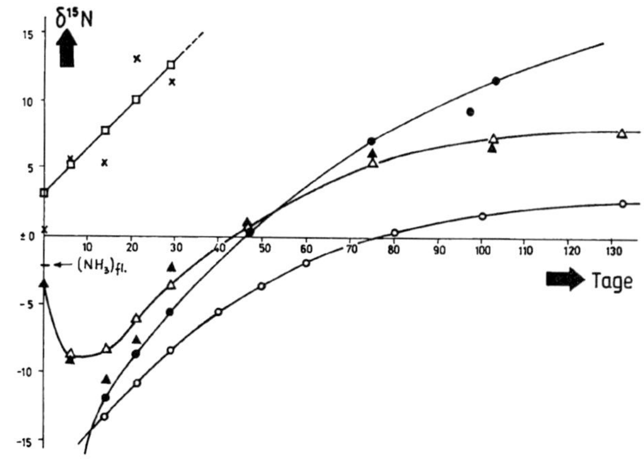

Abb. 8. Zeitlicher Verlauf der $\delta^{15}N\text{-}NH_4^+$- und $\delta^{15}N\text{-}NO_3^-$-Werte unter Berücksichtigung des Untergrundes nach Gleichung (27) im Vergleich mit den gefundenen $\delta^{15}N$-Werten von *A. Feigin* et al. [10]
—□— – $\delta^{15}N\text{-}NH_4^+$ berechnet; —×— – $\delta^{15}N\text{-}NH_4^+$ gefunden; —●— – $\delta^{15}N\text{-}NO_3^-$ berechnet ohne Untergrund mit k_5; —○— – $\delta^{15}N\text{-}NO_3^-$ berechnet ohne Untergrund ohne k_5; —△— – $\delta^{15}N\text{-}NO_3^-$ berechnet mit Untergrund, mit k_5 und mit β_5; —▲— – $\delta^{15}N\text{-}NO_3^-$ gefunden

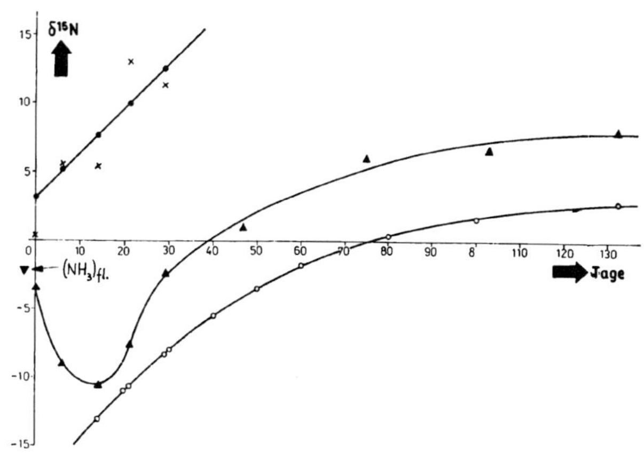

Abb. 7. Zeitlicher Verlauf der $\delta^{15}N\text{-}NH_4^+$- und $\delta^{15}N\text{-}NO_3^-$-Werte nach Gleichung (26)
—×— – $\delta^{15}N\text{-}NH_4^+$ gefunden; —●— – $\delta^{15}N\text{-}NH_4^+$ berechnet; —▲— – $\delta^{15}N\text{-}NH_3^-$ gefunden; —○— – $\delta^{15}N\text{-}NO_3^-$ berechnet ohne Untergrund; (NH_3)fl mit $\delta^{15}N\text{-}NH_4 = -2{,}1 \pm 1{,}0\,‰$

Jetzt muß die einfache Isotopenbilanzgleichung gelten:

$$(\delta^{15}N\text{-}NO_3^-)_{gesamt} = \frac{(\delta^{15}N - NO_3^-)_{geb.}\,(NO_3^-)_{geb.} + (\delta^{15}N\text{-}NO_3^-)_{UG}\cdot(NO_3^-)_{UG}}{(NO_3^-)_{gesamt}}, \qquad (27)$$

wobei $(\delta^{15}N\text{-}NO_3^-)_{gebildet}$ nach Gleichung (26) und $(NO_3^-)_{gebildet}$ nach Gleichung (25) bzw. (5) für Folgereaktionen 1. Ordnung mit den bereits angegebenen Daten berechnet werden können. Die eben angegebenen Werte für den Untergrund (UG) erlauben es dann, die Isotopenbilanz-Gleichung (27) auszuwerten, und man erhält Abb. 8. Diese Abbildung läßt eine gute Übereinstimmung zwischen den nach Gleichung (27) berechneten und nach [10] ermittelten Werten erkennen. In Tab. 3 wird dies auch deutlich.

Wie die detaillierte Auswertung dieses Versuches zeigt, kann außer der zeitlichen Verfolgung der Stoffwerte auch die zeitliche Verfolgung der natürlichen Isotopenvariationen zu weiteren Einblicken führen, wie sie normalerweise nur durch großangelegte Tracerversuche erhalten werden können. Es ist nur vorausgesetzt, daß Stoffe, die in ein Ökosystem eingebracht werden, auch als natürliche Tracer angesehen werden können. Solche Stoffe können gewollt eingebracht werden, wie am Beispiel eines Düngemittels

Tab. 3. Berechnete Werte von NO_3^- in mg N · kg^{-1} und $\delta^{15}N\text{-}NO_3^-$ in ‰ im Vergleich mit den nach [10] gefundenen Werten

Zeit, d	$(NO_3)_{geb.}$	$(NO_3)_{ges.}$	$(\delta^{15}N\text{-}NO_3)_{geb.}$	$(\delta^{15}N\text{-}NO_3)_{ges.}$	$(\delta^{15}N\text{-}NO_3)_{gef.}$
6	9,60	16,14	−16,17	−8,47	− 9
14	17,36	23,89	−13,12	−8,01	−10,5
21	20,86	27,39	−10,64	−6,09	− 7,5
29	22,40	28,93	− 8,21	−3,76	− 2,25
47	20,75	27,28	− 3,97	+0,89	+ 1
75	14,13	20,67	− 0,02	+5,57	+ 6
103	8,47	14,99	+ 1,87	+7,56	+ 6,5
133	4,59	11,13	+ 2,27	+7,64	+ 8

gezeigt wurde, aber auch ungewollt als Schadstoffe, wie am Beispiel des SO_2 in Rauchfahnen [14] gezeigt werden konnte.

Eingegangen am 26. 8. 1985

Literatur

[1] *S. W. Benson*, The Foundations of Chemical Kinetics. New York: McGraw Hill Book Comp. 1960

[2] *A. A. Frost, R. G. Pearson*, Kinetik und Mechanismen homogener chemischer Reaktionen. Weinheim: Verlag Chemie 1964

[3] *K. B. Wiberg*, Physical Organic Chemistry. New York: J. Wiley & Sons 1964

[4] *J. Bigeleisen, M. Wolfsberg*, Theoretical and experimental aspects of isotope effects in chemical kinetics. Adv. Chem. Physics 1. New York: Interscience Publ. 1958, pp. 15—76

[5] *J. Ying-Peh Tong, P. Yankwich*, J. Amer. Chem. Soc. **61** (1957) 540

[6] *W. H. Stevens, R. Attree*, Canad. J. Res. **27B** (1949) 807

[7] *G. A. Ropp*, Curves for computation of kinetic isotope effects. ORNL-59-12-4 (1959); *C. J. Collins*, Isotopes and organic reaction mechanisms. Adv. Physic. Organic Chemistry **2** (1964) 3—91

[8] *A. M. Downes*, Austr. J. Sci. Res. **5A**, 521 (1952)

[9] *M. H. O'Leary, J. F. Marlier*, J. Amer. Chem. Soc. **101** (1979) 3300; *J. F. Marlier, M. H. O'Leary*, J. Organ. Chem. **46** (1981) 2175

[10] *A. Feigin, G. Shearer, D. H. Kohl, B. Commoner*, Soil Sci. Soc. Amer. Proc. **38** (1974) 465

[11] *H. Hübner*, ZfI-Mitt. **85** (1984) 209

[12] *A. Marriotti, F. Marriotti, N. Amarger, G. Pizelle, J.-M. Ngami, M.-L. Champigny, A. Moyse*, Physiol. Veg. **18** (1980) 163; *H. Hübner*, ZfI-Mitt. **41** (1981) 57

[13] *R. W. Karamanos, D. A. Rennie*, Canad. J. Soil Sci. **58** (1978) 53

[14] *H. Hübner*, Isotopenvariationen des Schwefels in Rauchfahnen, Freiberger Forschungshefte, Isotope und ihre Anwendung in den Geowissenschaften, in der Bergbausicherheit und im Umweltschutz, Vorträge des Internationalen Isotopenkolloquiums zum Berg- und Hüttenmännischen Tag 1982. Leipzig: VEB Deutscher Verlag für Grundstoffindustrie 1984, Teil II, S. 247—276; *H. Hübner*, Isotopenvariationen in Rauchfahnen. Preprint ZfI-16, 1982

Isotopenpraxis 22 (1986) 4, S. 149 bis 152

Deuteriumaustausch im System Wasserstoff—Wasser
I. Druckabhängigkeit der Geschwindigkeitskonstante bis 100 MPa

P. Harting, U. Schröter

(Zentralinstitut für Isotopen- und Strahlenforschung der AdW der DDR, Leipzig)[1])

Herrn Prof. Dr.-Ing. *Justus Mühlenpfordt* zum 75. Geburtstag gewidmet

In der vorliegenden Arbeit wird über die Druckabhängigkeit der Geschwindigkeitskonstante k_1 für die Reaktion $H_2O + HD \underset{k_2}{\overset{k_1}{\rightleftarrows}} HDO + H_2$ berichtet. Diese Untersuchungen dienten der Einschätzung des Druckeinflusses auf Isotopenaustauschreaktionen unter geologischen Bedingungen. Die Versuchstemperatur betrug 473 K. Es zeigte sich eine deutliche Zunahme der Geschwindigkeitskonstanten mit dem Druck: $\log k_1 = -7{,}28 + 3{,}75 \cdot 10^{-3}\, p/MPa$ für $0 < p < 100$ MPa.

In this paper it is reported on the dependence of the rate constant k_1 in the reaction $H_2O + HD \underset{k_2}{\overset{k_1}{\rightleftarrows}} HDO + H_2$ on the pressure. These experiments were carried out to evaluate the influence of pressure on isotope exchange reactions being under geological conditions. The temperature of the experiments has been 473 K. In the result it was found a significant dependence of the rate constant on the pressure: $\log.k_1 = -7{,}28 + 3{,}75 \cdot 10^{-3}\, p/MPa$ in the region $0 < p < 100$ MPa.

Keywords

deuterium; hydrogen; isotope exchange; kinetics; models; pressure dependence; water

1. Einleitung

Betrachtet man die entsprechende Fachliteratur, so stellt man fest, daß in stark zunehmendem Maße Isotopenmethoden, insbesondere Untersuchungen natürlicher Variationen der stabilen Isotope der Elemente Kohlenstoff, Stickstoff, Sauerstoff, Wasserstoff und Schwefel, zur Lösung geowissenschaftlicher Fragestellungen herangezogen werden. Mit ihrer Hilfe sind speziell Aussagen zum Ablauf geologischer Prozesse zu gewinnen, deren Zuverlässigkeit gegenüber der alleinigen Nutzung konventioneller Methoden größer ist. Voraussetzung für die Entschlüsselung der Informationen, die diesen Isotopenvariationen zugrunde liegen, ist die Kenntnis der entsprechenden Verteilungsgesetzmäßigkeiten der Isotope eines Elementes und die Interpretation auf der Basis dieser Gesetzmäßigkeiten. Im Ergebnis erhält man Erkenntnisse über die „Geschichte“ der chemischen Elemente, die, kombiniert mit Element- bzw. Stoffverteilungsbildern, gleichzusetzen sind mit Erkenntnissen für die Geowissenschaften und auch andere Disziplinen, wie z.B. den Kosmoswissenschaften, den Biowissenschaften und der Umweltforschung.

Bei den bekannten isotopengeochemischen Untersuchungen an den verschiedensten natürlichen Materialien hat sich gezeigt, daß offensichtlich zwei wichtige Grundphänomene die Isotopenwerte beeinflussen:

— die Zusammensetzung der Ausgangsstoffe, die das entstandene Naturprodukt isotopisch geprägt haben, und

— physikalisch-chemische Prozesse, die den Isotopenwert der entstandenen Naturprodukte vom Zeitpunkt ihrer Entstehung bis zur Gegenwart durch Gleichgewichts- und Transportphänomene verändern können.

Im Zentralinstitut für Isotopen- und Strahlenforschung wurden in den letzten Jahren eine Reihe derartiger physikalisch-chemischer Untersuchungen durchgeführt, die z.B. die Diffusion [1], den Dampfdruck [2], die Löslichkeit [3—7], die Adsorption [8—10] und die Isotopenaustauschprozesse [11, 12] betrafen.

[1]) Anschrift: DDR-7050 Leipzig, Permoserstraße 15

Bei den Isotopenaustauschprozessen stand der Kohlenstoffisotopenaustausch zwischen Methan und Kohlendioxid gemäß

$$^{13}CH_4 + {}^{12}CO_2 \rightleftarrows {}^{13}CO_2 + {}^{12}CH_4$$

im Vordergrund, weil Modelluntersuchungen in Form künstlicher Nachinkohlungsreaktionen an organischen Sedimenten und Untersuchungen an natürlichen Gasen gezeigt haben, daß über die Isotopenanalysen am Kohlenstoff des Sediments und des im Gas enthaltenen Methans Aussagen zur Genese dieser beiden Substanzen möglich sind. Bei der In- bzw. Nachinkohlung entstehen je nach Typ und Inkohlungsgrad der organischen Substanz unterschiedliche Mengen an Methan, höheren Kohlenwasserstoffen, Kohlendioxid, Kohlenmonoxid und Wasserstoff, so daß der Kohlenstoffisotopenaustausch zwischen Methan und Kohlendioxid eine der möglichen Sekundärreaktionen ist, durch die erhebliche Veränderungen in der isotopischen Zusammensetzung der beiden Gaskomponenten hervorgerufen werden können. Außerdem spielt dieses System eine gewisse Rolle für die Bestimmung von Paläotemperaturen [13].

Die bisher bekannten Aktivierungsenergien [11, 14] deuten darauf hin, daß die Eignung als Geothermometer aber erst bei Temperaturen oberhalb 650 K ernsthaft in Betracht zu ziehen ist.

In keiner der bisher angeführten Arbeiten ist der Druck als Zustandsvariable in Betracht gezogen worden. Letztlich stellt aber auch er eine Form von Energiezufuhr dar und es ist deshalb durchaus vorstellbar, daß der Druck eine Veränderung der Reaktionsgeschwindigkeit hervorruft. Die Bedeutung des Druckes als Zustandsvariable bei Verteilungsgleichgewichten konnte bereits anschaulich verdeutlicht werden [7, 15].

In der vorliegenden Arbeit wird deshalb über Modelluntersuchungen zur Druckabhängigkeit der Geschwindigkeitskonstanten des Deuteriumaustausches zwischen Wasserstoff und Wasser berichtet. Dieses für geologische Aussagen nicht direkt relevante System ist deshalb für derartige Untersuchungen besonders gut geeignet, weil die Geschwindigkeit des Austausches so groß ist, daß Messungen im Bereich von Tagen und Wochen möglich sind, die Aufarbeitung des Wasserstoffs für die Präzisionsisotopenanalyse neben der einfachen Trennung vom Wasser keine probenchemischen Umarbeitungen erfordert und die zu erwartenden Ergebnisse Analogieschlüsse auf geologisch relevante Systeme ermöglichen.

2. Versuchsaufbau und -durchführung

Für die Untersuchungen zur Druckabhängigkeit der Geschwindigkeitskonstanten des Deuteriumaustausches zwischen Wasserstoff und Wasser wurde eine temperierbare Hochdruckgleichgewichtsapparatur verwendet, mit der in den zurückliegenden Jahren Untersuchungen zu Gas-Flüssig-Verteilungsgleichgewichten durchgeführt wurden.

Die Hochdruckapparatur besteht aus den in Abb. 1 und 2 dargestellten Grundeinheiten, dem schüttelbaren Autoklaven mit Hochdruckpumpe und Antriebsaggregat für Hydraulikanlage sowie dem Schaltschrank für die automatische Steuerung, Regelung und Registrierung. Bei der Durchführung der Versuche erfüllt diese Gesamtapparatur folgende Aufgaben:

Abb. 1. Autoklav mit Schütteleinrichtung und Hochdruckpumpe

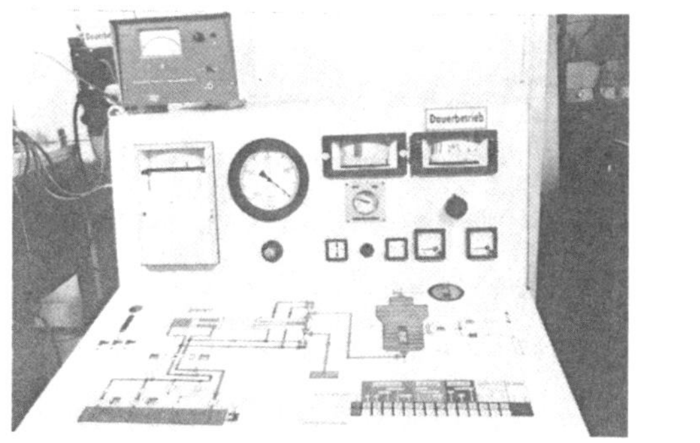

Abb. 2. Schaltschrank für automatische Steuerung, Regelung und Registrierung

- Das entsprechende Gas und das gewünschte Lösungsmittel werden über eine, durch ein hydraulisch arbeitendes Antriebsaggregat angetriebene, ölfrei arbeitende Hochdruckpumpe mit Stufenkolben zu dem gewünschten Arbeitsdruck im vorgesehenen Mengenverhältnis komprimiert.
- Der rostfreie Hochdruckautoklav hat ein freies Volumen von 465 ml und ist bis $T_{max} = 550$ K temperierbar bei einem Druck von $p_{max} = 100$ MPa.
- Eine pneumatisch angetriebene Schütteleinrichtung ermöglicht eine gute Durchmischung von Gas und Flüssigkeit zum Zweck der Gleichgewichtseinstellung.
- Der Druck und die Temperatur werden über einen Sofortregler und ein Manometer mit Ferngeber automatisch geregelt. Die Temperaturmessung geschieht durch ein Widerstandsthermometer vom Typ Pt 100, die Signale werden verstärkt und mit einem MK-Schreiber registriert.
- Die Probennahme erfolgt über Spezialfeinregulierventile in evakuierte Gasmäuse. Die Gasmäuse werden mit dem notwendigen Druck für die jeweilige Weiterverarbeitung gefüllt.

Als Ausgangsstoffe für die vorliegenden Versuche wurden handelsüblicher Wasserstoff aus der Stahlflasche mit einem δD-Wert von $-814{,}3‰$ und Wasser mit einem δD-Wert von $+500‰$ (gemessen gegen Arbeitsstandard LLWS) verwendet.

Für die Versuchsdurchführung war es zunächst notwendig, eine geeignete Temperatur zu finden, bei der die Einstellzeit für den Deuteriumaustausch in Tagen liegt.

Hier für wurde mit einer Temperatur von 308 K begonnen, wobei alle 10 Tage aus der Gasphase eine Probe zur Bestimmung des δD-Wertes des Wasserstoffes entnommen wurde. Nach 54 Tagen wurde die Temperatur auf 373 K erhöht und alle 4 Tage eine Isotopenanalyse vorgenommen.

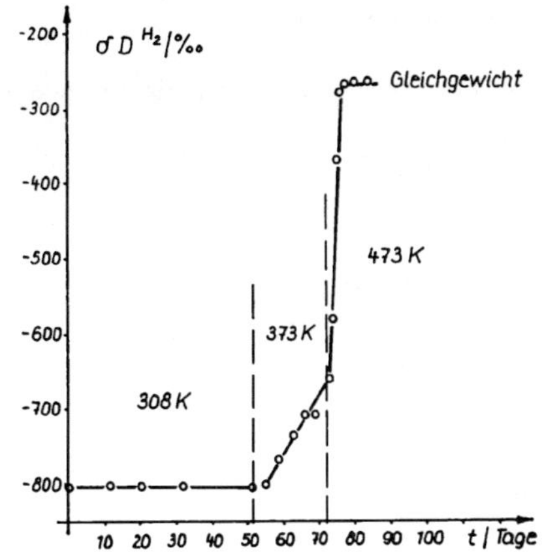

Abb. 3. Änderung des δD-Wertes vom Wasserstoff in Abhängigkeit von der Zeit und der Temperatur

Eine weitere Temperaturerhöhung auf 473 K erfolgte nach 73 Tagen; hier war dann eine tägliche Probennahme erforderlich. Das entnommene Probengas wurde in einer Kreislaufapparatur durch eine Trockeneis-Kühlfalle getrocknet und danach in Probenröhrchen für die massenspektrometrische Isotopenanalyse abgefüllt.

In Abb. 3 ist die Geschwindigkeit des Deuteriumisotopenaustausches in Form der δD-Werte des gasförmigen Wasserstoffes zwischen dem eingesetztem Wasserstoff und dem Wasser bei den verschiedenen Temperaturen graphisch dargestellt, und es ist ersichtlich, daß bei 473 K der Austauschprozeß im Bereich von Stunden seinen Gleichgewichtszustand erreicht hat.

Nach dieser Ermittlung einer günstigen Versuchstemperatur sind bei 4 verschiedenen Drücken die Zeitfunktionen $\delta D^{H_2} = f(t)$ für den Isotopenaustausch gemessen worden.

3. Versuchsergebnisse und -auswertung

In Abb. 4 sind die experimentellen Ergebnisse für die verschiedenen Drücke graphisch dargestellt.

Zunächst wurde der elementare Trennfaktor für diese berechnet. Er ergibt sich aus dem Verhältnis von Wasserstoff und Wasser im Autoklaven und der Änderung des δD-Wertes von Wasserstoff bis zum Gleichgewichtszustand.

$$\alpha = \frac{R_\infty^{H_2O}}{R_\infty^{H_2}}\,; \qquad R_\infty^{H_2O} = \frac{V^{H_2O}\cdot R_0^{H_2O} - V^{H_2}\cdot \Delta R^{H_2}}{V^{H_2}}$$

$$R = \frac{\delta D}{1000} + 1\,; \qquad \Delta R^{H_2} = R_\infty^{H_2} - R_0^{H_2}$$

V^{H_2O} = Volumen des Wasserstoffs, der im H_2O gebunden ist

V^{H_2} = Volumen des gasförmigen Wasserstoffs

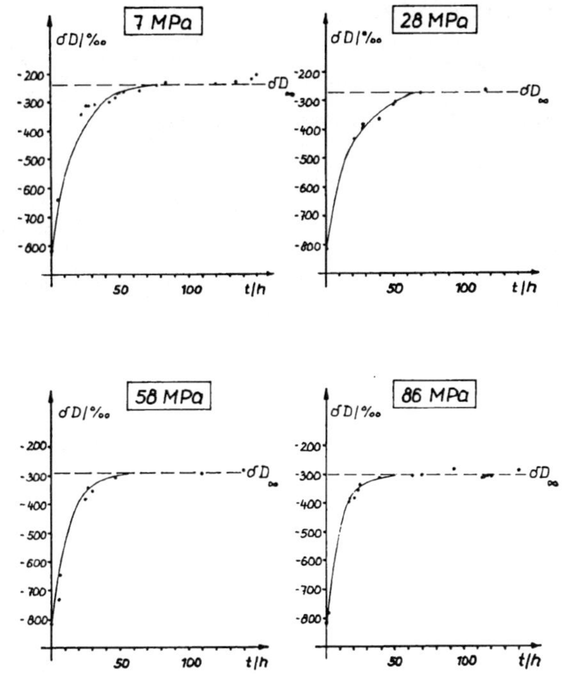

Abb. 4. δD-Werte des Wasserstoffs in Abhängigkeit von der Zeit bei verschiedenen Drücken (T = 473 K)

Die Indices 0 und ∞ bedeuten Ausgangs- bzw. Gleichgewichtszustand, die Volumina sind bezogen auf 273 K und 0,101 325 MPa (760 Torr).

Die dazugehörigen Zwischenergebnisse sind in den Spalten 2 bis 9 der Tab. 1 angegeben, der Spalte 10 können die α-Werte entnommen werden.

Für die Berechnung der Geschwindigkeitskonstanten wurde folgender Ansatz vorgegeben:

$$H_2O + HD \underset{k_2}{\overset{k_1}{\rightleftarrows}} HDO + H_2$$

$$A + B \text{ ----- } C + D\,,$$

wobei die Konzentration der Stoffe A bis D zur Zeit $t = 0$ mit c_A^0 bis c_D^0 und zur Zeit t mit c_A bis c_D bezeichnet werden, x ist der Umsatz. Daraus leitet sich ab:

$$c_A(t) = c_A^0 - x(t)$$
$$c_B(t) = c_B^0 - x(t)$$
$$c_C(t) = c_C^0 + x(t)$$
$$c_D(t) = c_D^0 + x(t)$$

und führt unter den Voraussetzungen $c_D^0 \gg c_C^0$ und $c_A^0 \gg c_B^0$, die für das vorliegende System auf Grund der geringen Deuterium-Konzentration voll zutreffen, zu der Geschwindigkeitsgleichung

$$\frac{dx}{dt} = k_1\cdot c_A^0\cdot c_B^0 - k_2\cdot c_C^0\cdot c_D^0 - (k_1\cdot c_A^0 + k_2\cdot c_D^0)\cdot x$$

Tab. 1. Zwischenergebnisse zur Berechnung von α sowie das daraus resultierende α

Druck MPa	V^{H_2O} Nl	V^{H_2} Nl	δD^{H_2} ‰	$R_0^{H_2}$	$\delta D_\infty^{H_2}$ ‰	$R_\infty^{H_2}$	ΔR^{H_2}	$R_\infty^{H_2O}$	α
1	2	3	4	5	6	7	8	9	10
7	311	5,33	−814,3	0,1857	−236,6	0,7634	0,5777	1,490	1,952
28	311	24,6	−814,3	0,1857	−271,9	0,7281	0,5424	1,457	2,001
58	386	37,9	−814,3	0,1857	−289,5	0,7105	0,5248	1,448	2,039
86	374	56,5	−814,3	0,1857	−305,8	0,6942	0,5085	1,423	2,050

Die Lösung der Differentialgleichung ergibt

$$x(t) = \frac{k_1 \cdot c_A^0 \cdot c_B^0 - k_2 \cdot c_C^0 \cdot c_D^0}{k_1 \cdot c_A^0 + k_2 \cdot c_C^0}\, 1 - e^{-(k_1 \cdot c_A^0 + k_2 \cdot c_D^0)t}$$

Für $t = \infty$ reduziert sich die Gleichung zu

$$x(t = \infty) = \frac{k_1 \cdot c_A^0 \cdot c_B^0 - k_2 \cdot c_C^0 \cdot c_D^0}{k_1 \cdot c_A^0 + k_2 \cdot c_D^0}$$

woraus sich dann $x(t) = x(t = \infty)\,(1 - e^{-(k_1 \cdot c_A^0 + k_2 \cdot c_D^0)t})$ ableitet.

Um eine lineare Regression für die Auswertung der experimentellen Ergebnisse zu ermöglichen, wurde zu der Geradengleichung

$$\ln \frac{x(t = \infty)}{x(t = \infty) - x(t)} = (k_1 \cdot c_A^0 + k_2 \cdot c_D^0) \cdot t$$

umgeformt, in der sich der Anstieg $b = k_1 \cdot c_A^0 + k_2 \cdot c_D^0$ zur Berechnung von k_1 eignet. k_2 läßt sich über die Beziehung $k_1/k_2 = \alpha$ eliminieren:

$$b = k_1 \cdot c_A + \frac{k_1}{\alpha} c_D^0$$

Nach k_1 aufgelöst, ergibt sich

$$k_1 = \frac{b \cdot \alpha}{\alpha \cdot c_A^0 + c_D^0}$$

Die durchgezogenen Linien in Abb. 4 widerspiegeln das Ergebnis der Ausgleichsrechnung.

In Tab. 2 sind die Werte für die Berechnung der Geschwindigkeitskonstante k_1 dargestellt.

Tab. 2. Werte für die Berechnung der Geschwindigkeitskonstante k_1 sowie die sich ergebenden k_1

Druck MPa	$b \cdot 10^2$ h^{-1}	α	$c_A^0 \cdot 10^{-5}$ ppm	$c_D^0 \cdot 10^{-4}$ ppm	$k_1 \cdot 10^8$ $h^{-1} \cdot ppm^{-1}$
1	2	3	4	5	6
7	5,755	1,952	9,83	1,68	5,80
28	6,187	2,001	9,27	7,33	6,42
58	7,945	2,039	9,11	8,94	8,32
86	10,64	2,050	8,69	13,1	11,4

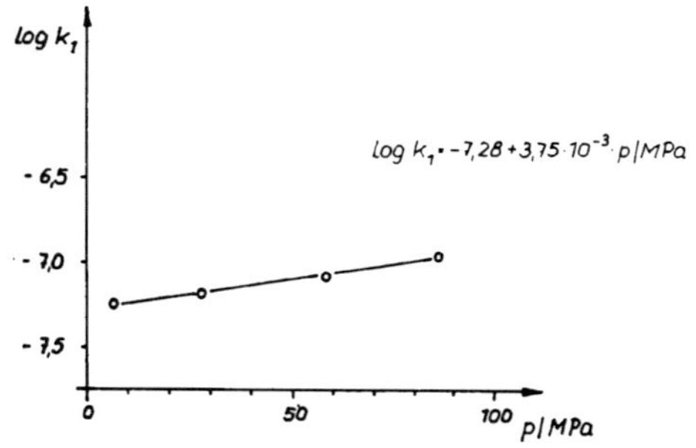

Abb. 5. Abhängigkeit des dekadischen Logarithmus der Geschwindigkeitskonstanten k_1 vom Druck p bei 473 K

Abb. 5 zeigt die ermittelte Druckabhängigkeit von k_1 in der Form $\lg k_1 = f(p)$.

Eine lineare Ausgleichsrechnung ergab den in Abb. 5 angegebenen funktionellen Zusammenhang.

4. Diskussion

Die experimentell nachgewiesene Druckabhängigkeit der Geschwindigkeitskonstanten für das vorliegende System ergibt sich nicht zwangsläufig aus der Gleichung für die Geschwindigkeitskonstante, hergeleitet aus der Stoßtheorie

$$k = N_L^2 \cdot \sigma_{AB}^2 \cdot \sqrt{\frac{8 \cdot \pi \cdot k^* \cdot T}{\mu}}\, \exp\left[-\frac{E_a}{RT}\right]$$

k = Geschwindigkeitskonstante
N_L = $6{,}023 \cdot 10^{23}\ mol^{-1}$
σ_{AB} = mittlerer Stoßquerschnitt der Moleküle A und B
k = *Boltzmann*-Konstante
T = absolute Temperatur
μ = reduzierte Masse $\left(\mu = \frac{m_A \cdot m_B}{m_A + m_B}\right)$
E_a = Aktivierungsenergie

Der Faktor vor der Exponentialfunktion, die Stoßzahl Z, enthält explizit keine vom Druck abhängige Größe Jedoch hat die dem *Maxwell-Boltzmann*schen Verteilungsgesetz zugrunde liegende mittlere Bewegungsgeschwindigkeit der Moleküle

$$\bar{v} = \sqrt{\frac{8 \cdot k^* \cdot T}{m \cdot \pi}}$$

sowohl starre Kugeln mit dem kinetisch wirksamen Durchmesser $2r$ als auch das Fehlen von Anziehungs- und Abstoßungskräften zwischen den Molekülen als Voraussetzung.

Hier dürfte der Druck über das $\bar{v}$ die Stoßzahl und damit die Geschwindigkeitskonstante beeinflussen.

Eine weitere Möglichkeit für eine Stoßzahlerhöhung durch den Druck ergibt sich, wenn die Konzentrationen in der Gleichung für die Reaktionsgeschwindigkeit durch die Fugazitäten bzw. Aktivitäten ersetzt werden. In der Gleichung für k würden dann die Fugazitäts- bzw. Aktivitätskoeffizienten auftreten. Die Erniedrigung der Aktivierungsenergie als Beitrag zur Veränderung der Geschwindigkeitskonstante mit dem Druck dürfte in dem untersuchten Druckbereich noch nicht in Betracht zu ziehen sein.

Gezieltere experimentelle und theoretische Untersuchungen, auch an anderen Systemen, sollten zeigen, in welchem Maße die vorliegenden Ergebnisse verallgemeinerungsfähig sind und gegebenenfalls Rückschlüsse z.B. auf die Druckabhängigkeit des Kohlenstoffisotopenaustausches zwischen Kohlendioxid und Metan oder andere geologisch relevante Systeme zulassen.

Insgesamt ist festzustellen, daß die Druckabhängigkeit sowohl in der Kinetik als auch in der Thermodynamik geologischer Systeme für die Beurteilung von Einzeleffekten sowie von komplexen Erscheinungsbildern konsequent in Betracht zu ziehen ist; die bekannten Isotopengeothermometer sind davon nicht ausgenommen.

Eingegangen am 16. 9. 1985

Literatur

[1] *H. Schütze, M. Mohnke*, Isotopenpraxis **17** (1981) 159
[2] *J. Heybey, R. Schmunk, H. Schütze*, ZfI-Mitt. Nr. 5 (1976) 232
[3] *P. Harting, H. Schütze, G. Christoph*, Isotopenpraxis **12** (1976) 232
[4] *P. Harting*, Isotopenpraxis **14** (1978) 99
[5] *P. Harting*, Isotopenpraxis **17** (1981) 164
[6] *P. Harting, F. May, H. Schütze*, ZfI-Mitt. Nr. 42 (1981)
[7] *P. Harting*, Theoretische und experimentelle Untersuchungen über thermodynamische Isotopieeffekte bei Lösungsprozessen vom Typ Gas—Wasser, Dissertation B, AdW der DDR, 1981
[8] *P. Harting*, Thermodynamische Beschreibung von Hochdruckadsorptionsisothermen (allg.), Vortrag auf der Hauptjahrestagung der Chemischen Gesellschaft der DDR, Berlin, 24. 11. 1983
[9] *P. Harting, K. Weingart*, ZfI-Mitt. Nr. 85 (1984) 127
[10] *P. Harting, K. Weingart, J. Heybey*, ZfI-Mitt. Nr. 85 (1984) 135
[11] *P. Harting, I. Maaß*, ZfI-Mitt. Nr. 30 (1980) 13
[12] *P. Harting, I. Maaß*, Zur Ermittlung der Reaktionsgeschwindigkeit extrem langsam verlaufender Isotopenaustauschreaktionen, Vortrag auf der Chemiedozententagung 1980, Berlin, 9.—11. 1. 1980
[13] *C. Panichi, S. Nuti, P. Noto*, Remarks of the use of the isotopic geothermometers in the Laderello geothermal field, in: Isotope Hydrology 1978. Wien: IAEA 1979, SM-228/30
[14] *W. M. Sachett, H. M. Chung*, Geochim. Cosmochim. Acta **43** (1979) 273
[15] *J. Heybey, P. Harting*, Isotopenpraxis **18** (1982) 6

Isotopenpraxis 22 (1986) 4, S. 153 bis 156

Nichtlineare Regression zur Auswertung von Indikator-Bindungsdaten unter Verwendung des programmierbaren Tischrechners K-1003

D. Sarrach, P. Strohner

(Zentralinstitut für Isotopen- und Strahlenforschung der AdW der DDR, Bereich Strahlenquellen und Nuklearpharmaka, Berlin-Buch)[1])

Herrn Prof. Dr.-Ing. *Justus Mühlenpfordt* zum 75. Geburtstag gewidmet

Es wird über den Einsatz des Kleinstrechners K-1003 zur Ermittlung von Bindungskonstanten und -kapazitäten durch nichtlineare Regression von RIA-Werten berichtet. Nach kurzer Darstellung der mathematischen Grundlagen werden programmtechnische Voraussetzungen für die iterative Regression nach Gauß—Newton auf dem K-1003 erläutert und durch ein Fließschema ergänzt. Die analytischen Ausdrücke für die Bindung und die entsprechenden partiellen Ableitungen für zwei- und dreiparametrige Modelle mit einwertigen Liganden sowie für ein zweiparametriges Modell mit n-wertigem Liganden werden angegeben. Am Beispiel des T 3-RIA mit konstantem Blindwert wird die Überlegenheit der nichtlinearen Regression gegenüber linearisierten Ansätzen demonstriert. Die Anwendung auf das Problem der Mehrwertigkeit des Liganden im RIA wird diskutiert.

The use of the minicomputer K 1003 for estimation of binding parameters by nonlinear regression analysis of RIA-data is reported. The mathematical fundamentals of nonlinear regression analysis by use of Gauss—Newton-Algorithm and its application on the computer K 1003 is briefly explaned. Equations for some easy binding models and its derivativs are presented. The advantage of nonlinear regression analysis over its linear expression (e.g. Scatchard plot) is demonstrated.

Keywords

computer calculations; data processing; iterative methods; mathematical models; radioassay; tracer techniques

1. Einleitung

Die Indikatorverteilung in biochemischen Systemen folgt häufig nichtlinearen Gesetzen, auf die lineare Regressionsverfahren nur nach Kurventransformation angewendet werden können. Der höhere Rechenaufwand nichtlinearer Verfahren hat ihre routinemäßige Anwendung für längere Zeit vom Zugang zu größeren Rechenanlagen abhängig gemacht und letztlich auch die Vermittlung ihrer mathematischen Grundlagen auf Spezialistenkreise eingeschränkt.

Die Verfügbarkeit geeigneter Kleinrechner ermöglicht es nunmehr auch, direkt im Labor iterative nichtlineare Regressionsverfahren zur Auswertung von Tracermessungen durchzuführen. Unter bestimmten Voraussetzungen sind dazu auch kostengünstigere Kleinstrechner einsetzbar. Wir haben den programmierbaren Kleinstrechner K-1003 des VEB Robotron zur Auswertung der Tracerbindung von Cholat und Insulin an Phospholipidsysteme [1, 2] und zur Ermittlung von Bindungsdaten einiger Radioimmunoassays durch iterative Regression nach *Gauß—Newton* benutzt. Seine relativ niedrige Rechengeschwindigkeit muß bei der Wahl der Programmstruktur berücksichtigt werden, um vertretbare Zykluszeiten einzuhalten. Die nichtlineare Regression nach *Gauß—Newton* auf dem Rechner K-1003 wird nachfolgend am Beispiel der Ligandbindung im RIA dargestellt. Es wird eine kurze Zusammenfassung der mathematischen Grundlagen in einer Formulierungsweise vorangestellt, die auch für den Praktiker schnell überschaubar bleibt.

[1]) Anschrift: DDR-1115 Berlin-Buch, Robert-Rössle-Straße 10

2. Mathematische Grundlagen

Die Reaktion von einheitlichen unabhängigen Bindungsstellen Q eines Antikörpers mit einem Liganden H möge zu dem Komplex HQ führen:

$$\mathrm{H} + \mathrm{Q} \rightleftharpoons \mathrm{HQ} \tag{1}$$

Dann ist der Bruchteil an gebundenem Liganden y im Massenwirkungsmodell durch Gl. (2) gegeben [3]:

$$y = \frac{1}{2}\left[\left(1 + \frac{q}{x} + \frac{1}{Kx}\right) - \sqrt{\left(1 + \frac{q}{x} + \frac{1}{Kx}\right)^2 - \frac{4q}{x}}\right] \tag{2}$$

q = totale Konzentration an Antikörperbindungsstellen (Bindungskapazität)
K = Bindungskonstante
x = totale Ligandkonzentration (aktiv + inaktiv)

Unter der Voraussetzung, daß sich markierter und nichtmarkierter Ligand gleichartig verhalten, ergibt sich y aus der Zählrate Z_B der gebundenen Fraktion und der Gesamtzählrate Z_T unter Berücksichtigung des „Blindwertes" y_0 gemäß

$$y = \frac{Z_B}{Z_T} - y_0 \tag{3}$$

Im Zweiparameter-Modell werden K und q durch Regression ausgeglichen, so daß der experimentell bestimmte Blindwert vorher von den Zählratenquotienten zu subtrahieren ist. Wegen der besseren Übersichtlichkeit werden die Prinzipien der nichtlinearen Regression am Zweiparameter-Modell beschrieben. Da die Subtraktion von Blindwerten vor der Regression zu systematischen Fehlern führen kann [4], wird jedoch y_0 besser in einem Dreiparameter-Modell mit ausgeglichen $\left(\text{im letzteren Fall ist } y = \frac{Z_B}{Z_T}\right)$. Bei der nichtlinearen Regression nach *Gauß–Newton* werden die Parameter q und K ausgehend von Schätzwerten q_0 und K_0 iterativ verbessert, bis die Korrekturen Δ hinreichend klein werden

$$q_{n+1} = q_n + \Delta q_n \,; \qquad K_{n+1} = K_n + \Delta K_n \tag{4}$$

Zur Ermittlung der Korrekturen wird wie bei der linearen Regression von den Differenzen ε_i zwischen dem Meßwert y_i und dem an der betreffenden Stelle x_i berechneten Funktionswert $y(x_i)$ ausgegangen:

$$\varepsilon_i = y_i - y(x_i) \tag{5}$$

Minimalisiert wird jedoch der in einem linearisierten Korrekturansatz verbleibende Restfehler [5]:

$$\Sigma \left(\varepsilon_i - q\,\frac{\partial y}{\partial q} - K\,\frac{\partial y}{\partial K}\right)^2 = \text{Min!} \tag{6}$$

Dazu sind die Funktionswerte der partiellen Ableitungen

$$\left(\frac{\partial y}{\partial q}\right)_{x=x_i} \quad \text{und} \quad \left(\frac{\partial y}{\partial K}\right)_{x=x_i}$$

an den jeweiligen Meßpunkten $x = x_i$ zu berechnen.

Die Minimalisierungsbedingung (6) führt zu einem System linearer Bestimmungsgleichungen für Δ_q und Δ_K, die Produktsummen der Ableitungen bzw. Abweichungen ε vom ersten bis zum letzten Wertepaar enthalten. Mit den Abkürzungen y_q und y_K für die partiellen Ableitungen und unter Fortlassung der Indices erhält man:

$$\left.\begin{aligned} \Delta q \; \Sigma y_q^2 + \Delta K \; \Sigma \, y_q y_K &= \Sigma \, \varepsilon y_q \\ \Delta q \; \Sigma \, y_q y_K + \Delta K \; \Sigma y_K^2 &= \Sigma \, \varepsilon y_K \end{aligned}\right\} \tag{7}$$

In Abkürzung der Schreibweise können die aufzusummierenden Größen zu einer Koeffizientenmatrix und dem zugehörigen Lösungsvektor zusammengefaßt werden, wobei die Summenzeichen durch Klammern ersetzt werden sollen

$$\left|\begin{matrix} [y_q^2];\ 0 & [y_q,\ y_K];\ 1 \\ [y_q y_K] & [y_K^2];\ 2 \end{matrix}\right| \quad \left|\begin{matrix} [\varepsilon y_q];\ 3 \\ [\varepsilon y_K];\ 4 \end{matrix}\right. \tag{8}$$

Die den Klammern nachgestellten Ziffern bezeichnen die entsprechenden Speicheradressen, in denen bei Verwendung des Statistikmoduls des K-1003 die Summierungen vorzunehmen sind [6].

3. Programmorganisation für den Kleinstrechner K-1003

Die nichtlineare Regression führt erst nach mehrmaliger Wiederholung zu so kleinen weiteren Korrekturwerten, daß die Rechnung abgebrochen werden kann. Daher müssen die Wertepaare mit Hilfe einer Eingaberoutine in entsprechende Datenspeicher eingelesen werden, so daß sie für jeden Zyklus erneut zur Verfügung stehen. Man benutzt die indirekte Adressierung mit einem Speicher, in dem die Adressen weitergezählt werden, als „Zeiger" und einen gesonderten Speicher für die Endadresse, bei der das Programm abgebrochen wird. Analog verläuft das Ausleseprogramm.

Für die Lösung des Simultangleichungssystems kann bis zu drei Parametern der mit dem Befehl REG aufzurufende Programmabschnitt der linearen Regression des Statistikmoduls verwendet werden. Da für jeden Regressionszyklus ein neues Gleichungssystem gelöst werden muß, ist vorherige Löschung der Summierungsspeicher erforderlich. Dazu kann das Programm VOR $\sum$ des Statistikmoduls dienen. Voraussetzung ist in beiden Fällen die Einhaltung der dem internen Programm entsprechenden Speichereinteilung für die Summenbildungen, wie sie in Ergänzung der Koeffizientenmatrix (8) bzw. (9) angegeben wurde.

Wegen der begrenzten Rechengeschwindigkeit sollten die partiellen Ableitungen als explizite analytische Ausdrücke gebildet werden. Für einige zur Interpretation von RIA-Daten eingesetzte Modelle werden Modellgleichungen und partielle Ableitungen in Tab. 1 dargestellt. Die für das entsprechende Modell spezifische Berechnung der partiellen Ableitungen und Bindungswerte $y(x_i)$ bildet zweckmäßigerweise ein eigenes Unterprogramm. Alle übrigen Operationen, wie Auslesen der Wertepaare, Produktbildung, Summierung in den Koeffizientenspeichern, Lösung der Simultangleichungssysteme und Verbesserung der Koeffizienten hängen nur von der Anzahl der Parameter ab und werden zu geeigneten Blöcken zusammengefaßt. Eine Gesamtübersicht über die Programmstruktur bei drei auszugleichenden Parametern A, B, C zeigt das Fließschema im folgenden Abschnitt. Bei Umschaltung auf 3 Veränderliche (3 VER) kann der Statistikmodul genutzt werden, wenn die in der nachfolgenden Koeffizientenmatrix ergänzte Speicherverteilung eingehalten wird.

$$\left|\begin{matrix} [y_A^2]; & 0 & [y_A y_B];\ 1 & [y_A y_C];\ 3 \\ [y_A y_B] & & [y_B^2];\ 2 & [y_B y_C];\ 4 \\ [y_A y_C] & & [y_B y_C] & [y_C^2];\ 5 \end{matrix}\right| \quad \left|\begin{matrix} [\varepsilon y_A];\ 6 \\ [\varepsilon y_B];\ 7 \\ [\varepsilon y_C];\ 8 \end{matrix}\right. \tag{9}$$

Speicher 9 wird zweckmäßig zur Aufsummierung der Abweichungsquadrate $\sum \varepsilon_i^2$ vorgesehen.

Tab. 1. Partielle Ableitungen nach den Parametern für ausgewählte Bindungsmodelle

Einwertiger Ligand

$$\text{I)}\quad y = \frac{1}{2}\left(u - \sqrt{u^2 - \frac{4q}{x}}\right) \qquad y_q = \frac{1}{2x}\left(1 - \frac{u-2}{\sqrt{u^2 - \frac{4q}{x}}}\right)$$

$$u = \left(1 + \frac{q}{x} + \frac{1}{Kx}\right) \qquad y_K = \frac{1}{2xK^2}\left(\frac{u}{\sqrt{u^2 - \frac{4q}{x}}} - 1\right)$$

$$\text{II)}\quad y = \frac{1}{2}\left(u - \sqrt{u^2 - \frac{4q}{x}}\right) + y_0 \qquad y_{y_0} = 1\,,\ \text{sonst wie oben}$$

***n*-wertiger Ligand**

$$\text{III)}\quad y = 1 - (1 - P_B)^n \qquad y_q = \frac{\partial y}{\partial P_B}\cdot\frac{\partial P_B}{\partial q}$$

$$P_B = \frac{1}{2}\left(v - \sqrt{v^2 - \frac{4q}{nx}}\right) \qquad y_K = \frac{\partial y}{\partial P_B}\cdot\frac{\partial P_B}{\partial K}$$

$$v = \left(1 + \frac{q}{nx} + \frac{1}{nKx}\right) \qquad \frac{\partial y}{\partial P_B} = n(1 - P_B)^{n-1}$$

$$\frac{\partial P_B}{\partial q} = \frac{1}{2nx}\left(1 - \frac{v-2}{\sqrt{v^2 - \frac{4q}{nx}}}\right)$$

$$\frac{\partial P_B}{\partial K} = \frac{1}{2k^2nx}\left(\frac{v}{\sqrt{v^2 - \frac{4q}{nx}}} - 1\right)$$

4. Fließschema für das nichtlineare Regressionsprogramm

1. Programmvorbereitung

Zeiger: = 1. Datenspeicher
Eingaberoutine:
Eingabe x_1, Zeiger +1
Eingabe y_1, Zeiger +1
Aufruf Zeiger, Eingabe Endadressenspeicher
Zeiger: = 1. Datenspeicher
Zykluszähler: =1

Speicherverteilung für 3 Regressionsparameter

$\sum \varepsilon^2$	009
$y(x_i)$	016
Zeiger	021
Zykluszähler	022
Endadresse	023
1. Datenspeicher	031
q	024
K	025
y_0	026
x_i	020
y_i, ε_i	027
y_A	028
y_B	029
y_C	030

2. Programmstart
   a) Ausgabe Zykluszähler
   b) Auslesen x_1, y_1 unter Weitersetzen des Zeigers
   c) Unterprogramm: Berechnung von $y, \ldots, y_A \ldots y_C$
   d) Unterprogramm: Produktbildung und Summierung in den Regressionsspeichern
   e) Endadresse − Zeiger = 0?
      wenn nein → 2b
      wenn ja → 2f
   f) Lösung der Simultangleichungen
   g) Verbesserung der Parameter, Ausgabe Restfehler, Verbesserungen, neue Parameter
3. Halt

   Abbruch, wenn keine weitere Verbesserung erforderlich, sonst manueller Start
4. Einleitung eines neuen Zyklus

   Löschung der Regressionsspeicher
   Zykluszähler +1, Zeiger: = 1. Datenspeicher
   Rückkehr zu 2a

Die dem Fließschema beigefügte Speicherverteilung berücksichtigt die Belegung bestimmter Adressen zu Operationen des internen Regressionsprogramms [6].

5. Ergebnisse und Diskussion

Eine Bestimmung von Bindungskapazität q und Bindungskonstante K unter Einbeziehung eines konstanten Blindwertes y_0 in die Regression wurde mit den Meßdaten der Eichkurve für einen T 3-RIA durchgeführt. In diesem Falle entfällt die Subtraktion des Blindwertes nach Gl. (3) und als abhängige Variable wird $y = Z_B/Z_T$ definiert:

$$y = \frac{1}{2}\left[1 + \frac{q}{x} + \frac{1}{Kx} - \sqrt{\left(1 + \frac{q}{x} + \frac{1}{Kx}\right)^2 - \frac{4q}{x}}\right] + y_0 \tag{10}$$

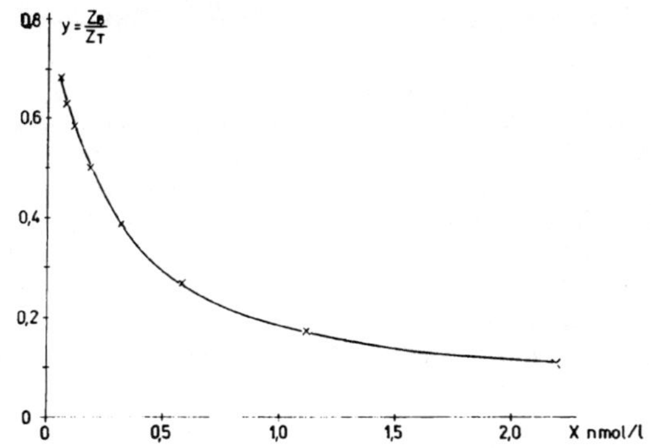

Abb. 1. Eichkurve eines T 3-RIA
Auftragung der gebundenen Aktivitätsfraktion ohne Blindwertkorrektur gegen die Gesamtkonzentration an Hormon. Die ausgezogene Kurve wurde mit den durch nichtlineare Regression entsprechend Gleichung (10) ermittelten Parametern (Tab. 2) berechnet

Abb. 1 zeigt die mit den durch Regression bestimmten Parametern q, K, y_0 berechnete ausgezogene Kurve zusammen mit den experimentellen Werten. Die Rechendauer pro Zyklus betrug etwa 2 Minuten. Konvergenz wurde nach 5 Rechenzyklen erzielt. Das Programm umfaßte 340 Schritte.

In Tab. 2 wird die Überlegenheit der nichtlinearen Regression gegenüber linearisierten Ansätzen anhand der zur Regressionskurve auftretenden mittleren relativen Abweichung V_{KM} (Modellfehler) demonstriert. Ferner ist ersichtlich, daß die Einbeziehung des Blindwertes den Modellfehler wesentlich verringert. Die für die Regressionsparameter angegebenen Vertrauensbereiche wurden nach *Feldman* [7] berechnet. Die dazu erforderliche Matrixinversion kann ebenfalls unter Ausnutzung des internen Programms REG durchgeführt werden.

Tab. 2. Vergleich von nichtlinearer Regression und linearisierten Ansätzen anhand des prozentualen Modellfehlers vKM

Nr.		q	K	y_0	V_{KM}, %
	Linearisierter Ansatz				
1	$\frac{y}{1-y} = Kq - Kxy$ (Scatchard plot)	0,18	11,94	0,0252*)	13,78
2	$(1-y)x = q\frac{1-y}{y} - 1/K$ (gewichtet)	0,178	12,03	0,0252*)	13,39
	3 Parameter:				
3	$x = \frac{1}{1-y}\left(\frac{1}{y_0 K} - \frac{1}{K}\right) + \frac{1}{y_0}xy - \left(\frac{1}{y_0 K} + \frac{q}{y_0}\right)$	0,139	17,52	0,0527	10,44
	Nichtlinearisierter Ansatz				
	3 Parameter				
4	$y = \frac{1}{2}\left(u - \sqrt{u^2 - \frac{4q}{x}}\right) + y_0$	0,136	15,26	0,059	7,96
	$u = 1 + \frac{q}{x} + \frac{1}{Kx}$	±0,017	±2,24	±0,021	
		Vertrauensbereich $\alpha = 0,05$			

*) Die Blindwerte der zweiparametrigen Modelle y_0 sind nichtausgeglichene experimentelle Werte.

Verschiedene Autoren haben den Einfluß einer zweiten am Ligandmolekül vorliegenden Bindungsstelle auf die Gestalt der Bindungskurve diskutiert und dabei kontroverse Resultate erzielt [8, 9]. Die zugrunde gelegten linearisierten Modelle wurden graphisch verglichen. Insbesondere über die für den Vergleich relevanten Zahlenwerte der Bindungskapazität herrschte Unstimmigkeit. Objektiv kann jedoch die Überlegenheit eines Modells erst durch Vergleich der Modellfehler nach entsprechender Regression beurteilt werden.

Von *Calvert* und *Nichol* [10] wurde ein statistisch begründetes Massenwirkungsmodell zur Interpretation der Bindung eines n-wertigen Liganden an ein mehrwertiges Makromolekül gemäß

$$fA + nB \rightleftharpoons A_f B_n \quad \text{usw.} \tag{11}$$

abgeleitet. Für die Wahrscheinlichkeit P_B der Besetzung einer Ligandenbindungsstelle erhält man in diesem Modell

$$P_B = \frac{1}{2}\left[\left(1 + \frac{q}{nx} + \frac{1}{nKx}\right) - \sqrt{\left(1 + \frac{q}{nx} + \frac{1}{nKx}\right)^2 - \frac{4q}{nx}}\right] \tag{12}$$

und für den Bruchteil y an insgesamt in verschiedenen Komplexen gebundenem Liganden

$$y = 1 - (1 - P_B)^n \tag{13}$$

Die für die nichtlineare Regression erforderlichen partiellen Ableitungen sind in Tab. 1 enthalten. Für die Bindung von Insulin an negativ geladene Phospholipidliposomen in saurem Milieu, die unter Ausfällung des Komplexes erfolgt, konnten *Sarrach* und *Lachmann* [2] durch nichtlineare Regression auf dem Rechner K-1003 zeigen, daß eine aus dem *Nichol*-Modell folgende Bindungsisotherme mit zweiwertigem Liganden dem einwertigen Modell überlegen ist. Einflüsse der Mehrwertigkeit des Liganden könnten auch bei der B/F-Trennung mittels der Doppelantikörpermethode in gewissen RIA erwartet werden. Die für die nichtlineare Regression nach diesem komplizierten Modell erforderlichen partiellen Ableitungen y_q und y_K wurden unter Anwendung der Kettenregel berechnet (Tab. 1). Konvergenz in 4—5 Zyklen wurde auch in zweiparametrigen Modellen mit Exponentialfunktionen für Selbstabsorption und Kompartimentsysteme erzielt. Die nichtlineare Regression führt zu einer Qualitätserhöhung in der Interpretation von Indikatoruntersuchungen. Ihre Durchführbarkeit auf dem Rechner K-1003 wird neben einer geeigneten Programmstruktur auch durch die Rechengenauigkeit mit 11 Stellen bedingt. Eine Übertragbarkeit auf beliebige Kleinstrechner, z.B. Heimcomputer, kann aufgrund möglicher unzulässiger Rundungsfehler bei der Lösung der Simultangleichungssysteme nicht ohne weiteres angenommen werden.

Eingegangen am 9. 9. 1985

Literatur

[1] *D. Sarrach*, Studia biophys. **100** (1984) 95

[2] *D. Sarrach, U. Lachmann*, Pharmazie, im Druck

[3] *D. Sarrach, H. Schmidt, H. Waldner*, Isotopenpraxis **18** (1982) 19

[4] *D. Rodbard, H. A. Feldman*, Methods Enzymol. **36** (1975) 3

[5] *J. Adam, J.-H. Scharf, H. Enke*, Methoden der statistischen Analyse in Medizin und Biologie. Berlin: Volk und Gesundheit 1971

[6] Bedien- und Programmierhandbuch, Programmierbarer Kleinstrechner K-1003, VEB Robotron Elektronik 1980

[7] *H. A. Feldman*, Anal. Biochem. **48** (1972) 317

[8] *J. A. Berzofsky, J. A. Curd, A. N. Schechter*, Biochemistry **15** (1976) 2113

[9] *T. E. Creighton*, Biochemistry **19** (1980) 4308

[10] *P. D. Calvert, L. W. Nichol*, J. theoret. Biol. **80** (1979) 233

Isotopenpraxis 22 (1986) 4, S. 156

Buchbesprechung

Gustav Hertz

J. Kuczera. Leipzig: BSB B. G. Teubner 1985. 84 S., 16 Abb., 81 Lit. (Biogr. hervorrag. Nat. Wiss. Techn. Med., Bd. 80); Pappeinband M 4,80

Der Autor, im akademischen Beruf Philosoph, erwarb sich Verdienste um das Andenken an *Heinrich Hertz* u. a. mit einer Biographie (1977) und einem ausführlich kommentierten Reprint der „Prinzipien der Mechanik" in „Ostwalds Klassikern" (1984). In der nun vorliegenden — preiswerten — biographischen Skizze über *Gustav Hertz* werden die meisten Leser einiges für sie Neue finden; anregend sind auch die Literaturzitate.

Wenn, wie dem Rezensenten scheint und wie es der Text nahelegt, dies die erste in Buchform geschriebene Biographie des Physik-Nobelpreisträgers und wissenschaftlichen Repräsentanten der DDR ist, hätte sich die Möglichkeit eines biographischen Standardwerkes ergeben, das aber offensichtlich nicht angestrebt wurde. Einige Mängel seien genannt: Relativ zahlreich sind physikalische und physikhistorische Fakten anhand zitierter Sekundärliteratur eingebracht, es fehlen aber trotz einiger Ungenauigkeiten der Zitate kritische Anmerkungen. An den wenigen Stellen mit mathematischem Formalismus häufen sich Druckfehler (4 auf S. 30, außerdem Verwendung des CGS) bzw. andere Unzulänglichkeiten (S. 43/44). Der historische „*Franck-Hertz*-Versuch" von 1913/14 wird erst verbal als *Hertz*-Zitat wiedergegeben, darauf die Biographie bis 1920 fortgeführt, dann ist der Versuch erneut — ausführlich anhand von Abbildungen — erläutert, so daß der Leser zunächst annimmt, es handle sich um ein neues Experiment nach 1920. Auch weitere Wiederholungen verhindern den Eindruck einer abgerundeten Darstellung. Willkommen wären dem gedachten größeren Leserkreis sicherlich wenigstens knappe Mitteilungen über Privates gewesen, etwa *Hertz*' philosphische Haltung, sein Verhältnis zur Kunst, seine Hobbys, seine Fehler, sein Familienleben u. ä. In der DDR leben Verwandte verschiedenen Grades von *Hertz*, darunter auch Physiker; sie zu befragen hätte dem Buch Farbigkeit verleihen können — nicht jeder Biograph hat eine solche Chance. Positiv ist ein umfangreiches Verzeichnis der (aller ?) Publikationen von *Hertz* bis etwa 1930, das dann jedoch rasch versickert: Aus *Hertz*' letzten 35 Lebensjahren werden keine Originalarbeiten mehr aufgeführt. (Hat er keine mehr veröffentlicht ?) Schließlich sei noch bemerkt, daß die meisten der im Personenregister fehlenden Angaben wohl leicht beschaffbar sind.

K.-P. Dostal

ISOTOPENPRAXIS

Band 22 1986 Heft 4

Contents / Inhalt

►Language of Publication / ►Publikationssprache

Isotopenpraxis is indexed in Current Contents/PC & ES, Science Citation Index, and INIS Atomindex

FSC
www.fsc.org
MIX
Papier | Fördert gute Waldnutzung
FSC® C083411

Zeitfracht Medien GmbH
Ferdinand-Jühlke-Straße 7
99095 Erfurt, Deutschland
produktsicherheit@kolibri360.de